Processingプログラミングで学ぶ
情報表現入門

美馬 義亮

刊行にあたって

公立はこだて未来大学出版会 FUN Press は，公立はこだて未来大学からの出版として，オープンな学舎にふさわしい外の世界に開かれた研究・教育・社会貢献の活動成果を発信してゆきます．またシステム情報科学を専門とする大学として，未来を先取りする新しい出版技術を積極的に活用します．

シンボルマークは，ユニークな知をコレクションし，「知のブックエンド」に挟んで形にしていくという，出版会の理念を表現しています．

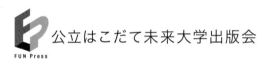

本書の出版権および出版会シンボルマークの知的財産権は，公立学校法人公立はこだて未来大学に帰属します．無断複製を禁じます．

アート・ディレクション　原田　泰（公立はこだて未来大学）
編集協力　冨髙琢磨・高山哲司（近代科学社）

まえがき

　著者のプログラミングとの出会いは，大学3年生のころに32キロバイトのメモリと4MHzのクロックで動作する8ビットCPUからなるパーソナル・コンピュータを個人で買って，BASIC（ベーシック）という言語を独学するところから始まりました．マニュアルや入門書から学んで，自分が考えて打ち込んだプログラムを動作させることにより，手作業であれば困難な計算をさせて，瞬時に応答が可能なアクションゲームを作ってみる，といった経験を楽しみました．また，このことをコンピュータの仕組みを学ぶきっかけとして，大学にあった大型計算機やミニ・コンピュータとよばれる中型コンピュータを使うようにもなりました．

　大学に入学してくる人たちの多くは，プログラミングを経験したことがないようです．そのような学生たちには，コンピュータを自分でプログラミングすることによって面白く使うという経験を早いうちに持ち，「情報科学という深い山」に積極的に分け入るようになってほしいと考えます．

　本文にも書きましたが，そのために，いくつかのプログラミング言語を候補として検討した中で，(1) アニメーションなど，画面の変更を伴うプログラムが記述しやすいこと，(2) 利用開始時に覚えなければいけないことが他言語に比べて少ないこと，(3) 公立はこだて未来大学で利用されているJava，Cなどの言語との共通点が大きいことなどから，Processingという言語を学びの対象にすることにしました．

　以下，本書の構成とその利用法について述べておきます．

　プログラミングの授業は，3～4週経つと，分からないことが増えてくるようです．本書，第I部では，まず，レポートの書き方や，勉強の仕方について述べます．分からなくなったときにどうすれば良いのかを示してありますので，わからなくなる前に一読しておいてください．

　第II部は，サンプル・プログラムです．プログラミングするということがどうい

うことなのか，小さなプログラムを読むことにより理解を深めてもらうために用意しました．関連課題が出たとき，きちんと読み込んでください．

第III部は，プログラミング言語の解説です．できるだけ簡明な記述にしました．分からなくなったら，知りたいことに関連した章を，人に説明できるようになるまで繰り返し読んでください．

ここで学ぶプログラミング言語の理解は比較的簡単なのですが，たとえば，足し算，かけ算などの四則演算の方法がわかっているからといって，計算の練習をしないでいると生活のなかで計算力が使えるものにはならないと思います．そこで，第IV部で提供した練習問題を積極的に解いてみてください．ランニングで腕や足の筋力を鍛えるように，たくさんプログラムを書いてみることで，皆さんの脳がより強化されていくはずです．

最後になりましたが，本書は，授業のために作成した副読本を2年度にわたって書き換えたものを基にまとめたものです．公立はこだて未来大学出版会のエディターとして本書に深くかかわっていただいた沼田 寛先生，途中段階でご意見をいただいた科目担当の先生方にも感謝いたします．本書が皆さんのプログラミングの学びの手助けになることを願っています．

2014年 冬のカリフォルニアにて
美馬 義亮

目　次

まえがき

第 I 部　学びの目的と方法　　1

第 1 章　「情報表現入門」の目的　　2
1.1　授業科目「情報表現入門」の概要 …………………………………… 2
1.2　授業のすすめ方 …………………………………………………………… 2
1.3　学びの目標 ………………………………………………………………… 3

第 2 章　「情報表現入門」の学び方　　4
2.1　プログラミングを学ぶにあたって …………………………………… 4
2.2　授業内容がわからなくなったとき，考えるべきこと …………… 6

第 3 章　提出物の書き方，プログラムの書き方　　12
3.1　レポート・課題解答の書き方 ………………………………………… 12
3.2　プログラムの書き方 …………………………………………………… 14

第 II 部　サンプルプログラムによる理解　　15

第 4 章　サンプルプログラム　　16
4.1　何も設定していない世界 ……………………………………………… 18
4.2　ウィンドウを広げる …………………………………………………… 19
4.3　ボールを置く …………………………………………………………… 20
4.4　ボールを動かす準備 …………………………………………………… 21
4.5　ボールを動かす ………………………………………………………… 22
4.6　ボールの軌跡を消す …………………………………………………… 23
4.7　速度を変更可能にする ………………………………………………… 24

  4.8 天井と床で跳ね返す 25
  4.9 左右の壁でも跳ね返す 26
  4.10 跳ね返すためのパッドを作る 28
  4.11 パッドで跳ね返す 30
  4.12 打ち返しのカウント 32
  4.13 打ち損じの処理 34

第III部　Processingに関する解説   39

第5章　プログラミング言語Processingを学ぶ理由   40
 5.1 プログラミング言語が一般に持つ特徴 40
 5.2 他のプログラミング言語とProcessingの関係 41
 5.3 本テキストの範囲 42
 5.4 本書でのプログラミングの説明の方法 42

第6章　Processing開発環境の入手と実行まで   44
 6.1 Processingに関する情報源 44
 6.2 ダウンロードと実行 45

第7章　画面への描画   46
 7.1 ウィンドウと座標 46
 7.2 長方形 47
 7.3 線分 48
 7.4 色をつける 48
 7.5 文字を出力する 51
 7.6 ウィンドウの設定変更 52
 7.7 注釈（コメント）：プログラムとして実行されない記述 52

第8章　数の計算   54
 8.1 数の表示 54
 8.2 数と計算 55
 8.3 足し算，引き算 55
 8.4 掛け算，割り算 55
 8.5 計算の順序と括弧の活用 56

8.6	三角関数，対数関数など	56

第9章　変数：データの置き場所に名前をつける　58
9.1　変数を用いたプログラムの例　58
9.2　変数の使い方　58
9.3　システム変数　61

第10章　アニメーション　62
10.1　おさらい—静止した表現　62
10.2　動く表現　62

第11章　条件式と分岐：if 文と switch 文　66
11.1　条件式とは　66
11.2　if 文　66
11.3　大小比較　67
11.4　条件の組み合わせ：「かつ」，「または」と「ではない」　69
11.5　switch 文　69
11.6　入れ子構造　70
11.7　if 文の使用例　72

第12章　繰り返し：while 文と for 文　74
12.1　while 文：条件が満たされる限り，実行しつづける　74
12.2　for 文：決まった回数だけ繰り返す　75
12.3　for 文の実行を追う　77
12.4　二重ループ，多重ループ　79

第13章　配列：複数のデータを扱う　80
13.1　配列の基本　80
13.2　多重配列　82

第14章　テキストとファイル入出力　84
14.1　ファイルとは　84
14.2　String クラスに関する予備知識　85
14.3　テキストの読み書き　85
14.4　ファイルデータからグラフを描く　87

第15章　関数　88
15.1　関数の使い方　88

15.2 関数の使用例 91

第16章　より詳しいProcessingの説明　94
16.1 単項演算子 ++ と -- 94
16.2 ＝以外の代入演算子 95
16.3 キーボードからの入力を反映する 95

第17章　Processingと他言語の比較　98
17.1 float型に対する演算 % 98
17.2 配列の宣言 98
17.3 ファイル入出力 98
17.4 オブジェクト指向 99

第18章　参考書・関連図書　100
18.1 Proccessing言語関係の本 100
18.2 他のプログラミング言語にかかわる解説書 101
18.3 プロトタイピング関連 101
18.4 勉強のしかた 101

第Ⅳ部　ワークブック　103

第19章　ワークブックについて　104
第20章　プログラミング課題　基礎編　106
第21章　プログラミング課題　中級編　116
第22章　プログラミング課題　応用編　126

索　引　131
自己学習チェックシート　133

第1部

学びの目的と方法

第1章 「情報表現入門」の目的

1.1 授業科目「情報表現入門」の概要

「情報表現入門」は，公立はこだて未来大学の学部共通専門科目群の科目です．この科目では，情報技術の専門家としてコンピュータを用いるための基本知識を学びます．とくに，以下の3点を意識し，初歩的なプログラミングによる簡単なアプリケーション作成の体験をします．また，この体験の中で，さまざまな情報伝達の方法を体験します．

プログラミングする：情報表現という言葉は，「コンピュータで表現すること」を意識しています．プログラムを書くことによりスクリーンに表示し，スピーカーから音を出し，キーボードやマウスから指示できるようになり，印刷可能な図や文書も作ることができます．プログラミング環境の使い方を知り，見やすく，読みやすい，安定したプログラムが書けることを目標とします．

対象をみつめ，表現の詳細を工夫する：情報表現を学ぶということにはもう一つの目的があります．表現をするためには，表現したいことを良く知っている必要があります．そのためには，対象を良く観察・分析して理解し，どの部分をどのように表現すべきか絞りこむ必要があります．観察や分析を前提とした表現方法について学びます．

実際的なプログラミングを行う：ゲームやスケジューラなど，自分の生活の中で利用可能なアプリケーションを設計し，プログラミングにより実現します．実生活の中でみかける題材をもとに，さまざまな意味で使いやすく，分かりやすいプログラムを作ることを目指します．

1.2 授業のすすめ方

この授業科目は，座学による講義とコンピュータや机に向かって行う作業から構成されています．

内容の理解を深めるために課題を課すとともに，上級生であるTA（大学にはTeaching Assistantという役割の上級生がいて演習中に質問に答えてくれます）ならびに教員が理解度の確認を行います．また，プログラム作りを通して理解度を高めることを要求します．プログラミングに関して自分が理解したことを他の人に伝えられるレベルになるまで，（TAや教員を独り占めにしないように気

をつけながら）積極的に TA や教員に聞いて理解度を上げてください．

1.3 学びの目標

プログラミングの基礎

本授業で学ぶ，プログラミングの基礎概念は，そのあとに実施されるより専門性の高いプログラミング関連授業を受けるための前提となっています．特に，

- 変数，データ型，代入：数値や文字などの値を記憶し，呼び出す仕組み
- 条件と分岐：数値や文字の値により，プログラムの振る舞いを変える仕組み
- 繰り返し：必要な回数だけ，あるいは，必要な状態になるまで繰り返す仕組み
- 関数の呼び出し：同種の操作をひとまとめにして管理する仕組み

の 4 つの基本概念を理解することは，単位取得の大前提とします（これらの 4 つの概念は必ず理解してください）．また，周辺的な概念として，

- グラフィックス：画面に図形を表示する仕組み
- アニメーションと対話処理：画面に動きを与え，マウスやキー入力に反応する仕組み
- ファイル入出力：データをファイルから読んだり，ファイルに保存したりする仕組み

があり，これらは後続の情報表現関連の授業に必要な知識となります．

プログラミングは「唯一の正解のない」問題を解くための道具

情報表現やプログラミングを扱っている本書の範囲外のことですが，重要なことなのでここで確認をしておきましょう．プログラミングを学んだあと，それが今後の学びや自分のキャリア形成の中でどのように役に立つのかということです．

情報表現で学ぶのは，直接的な表現技術だけではなく，表現の中身を作り出すということです．大学で学ぶことは，高校時代までに行ってきた「あらかじめ他人が作り，宝島に埋められた財宝を掘り出すような力を育てること」ではありません．「要求されているものが何かを考えて，いわば必要な宝物を自分で作り出すようなこと」です．

生涯を通してあなたが作り出すさまざまなかたちの「宝物」を，必要に応じてコンピュータ上で表現できるだけのプログラミング技術を身につけることは，大学での学びの最終目標の一つであり，この科目はその入り口となります．

第2章 「情報表現入門」の学び方

2.1 プログラミングを学ぶにあたって

プログラミングとは操作の手順を考えて，与えられた「言語」で書き表す作業です．前提知識が「ほぼ無い」科目です．多くの同級生が，知識ゼロという同じスターティングポイントにいるのです．幸い，理解が非常に難しい概念が出てくるわけではありません．しかし，コンピュータに，同じ動作を繰り返させたり，状態の違いによって異なる動作を行えるようにするためには，どういう記述をする必要があるのかを，注意深く考えることが必要になる場合もあります．

本書に沿って学ぶ単元については，7週間程度でプログラミングの基礎を学ぶことを想定しています．この教科書は，サンプルプログラム，プログラミングの解説，ワークブックでの練習問題から構成されています．本書を読む場合「サンプルプログラム」で感覚をつかみ，「プログラミングの解説」の部については，最初から順に読み，単元ごとに，着実に理解を積み上げ，「ワークブック」で理解を確認するアプローチを採ることを強くお勧めします．

本書にはプログラミングにおける基本的事項はほとんど述べられていますが，Processingのプログラミングに必要なすべてのことがこの教科書に書かれているわけではありません．Processing言語には，この教科書に書かれた以上の機能があります．それらを知るためには，他の参考書やProcessingのWebサイトを参考にして学んでください．そのように，必要な情報を自分で探し出し，理解するスキルは，この授業科目にかかわらず，さまざまなことを学ぶ上で必須のものです．

2.1.1 予習とは次の日に備え，疑問を洗い出す作業

これまで，高校では復習や予習を行ったことがないという人がおられるかもしれません．しかし，プログラミングを学んでいるときは，授業前日に必ずこのテキストに目を通しておいてください．自宅か図書館の机の上で，コンピュータをまず脇によけて，このテキストを読むことに集中します．必要があったらノートにメモをとります．この予習に30分から1時間かけてください．

ここで「目を通す」ということの意味を説明します．「自分の目で見た」というだけでは行為自体に意味がありません．文章を理解しようとしたかどうかが大切です．目を通す作業のなかで，わから

ないところがあれば，教科書の該当箇所に印をつけてチェックしておきます．そして，次の日にそこの部分を教室で同級生や，TA，先生に，自習時間あるいは講義の中で聞いて解決してください．

　教科書に目を通しておかないと，わからないことが出てきたとき，何を聞いてよいのかわからなくなります．当日，教室で目を通せばよいと思うのはまちがいで，教員の説明を聞くことと，目を通すことに同時に集中することはできません．いろいろなことが，同時にわからないような気になり，学ぼうとする気分がなえてしまいます．

　別の言い方をすれば，予習の段階では完全な理解をする必要はありません．わからないところは，なにがわからないのだろう，と考えながら授業に備えるということで良いのです．授業で何を解決すべきかが，大体わかっていれば，授業への興味もわき，集中して説明を聞くことができます．必要に応じて，質問することもできます．

2.1.2　不明な点は，その日の授業内で解決する

　これはプログラミングの授業に関しては一般に言えることです．他の授業にはあてはまらない場合もありますが，わからないことがあったら，家に持ち帰って自力で解決するということは考えないでください．わからないことは，必ずその日のうちに授業の中で，解決してください．

　予習をしていれば，「どう質問してよいのかわからない」，「何がわからないかもわからない」という状態にはならないはずです．与えられたすべての授業内課題は「自分で応用ができるレベル」までマスターしてください．

　与えられた課題で要求された動作をするプログラムがなんとか出来上がっただけでは，まだ理解は未熟な段階にとどまっていると考えてください．その時点では，プログラミングをマスターしたと考えてはいけないのです．自分がつくった小さなプログラムをマスターするということは，その働きを細部まで納得した上で，他の人に説明できるということです．

2.1.3　提出課題は，その日のうちに完成させる

　提出の必要な課題が授業の中で与えられます．これらについては，新たに学んだことが頭の中でホットな間に完成してください．頭が「冷めて」から作業を始めようとすると「温め直し」が必要になり，頭にしみ込むはずの香りがなくなってしまっていますから，できあがりも「おいしくなくなり」がちとなります．

　なお，提出課題は，誰かに見て（評価して）もらうものです．自分にしか読めない，理解できない

というのでは失格です．手書き，かつ鉛筆書きとしていますが，内容だけでなく，見かけの上でも清書レベルのきれいな字で書き，読みやすく丁寧に作られたものを提出してください．一般社会では，顧客，上司，次工程の作業者などに提出するものは，常にベストを尽くした状態のものであることが要求されます．

2.2 授業内容がわからなくなったとき，考えるべきこと

2.2.1 「わかる」ということ

「多分」，「だいたい」，「まあまあ」わかっているとは「ほとんど，わかってない」ことと考えよう

　授業のなかで，何かについてわかったかと聞くと，多くの人から，「多分」，「だいたい」，「まあまあ」という返事が返ってきます（残念ながら，この言葉をじつに頻繁に耳にします）．こういう返事のときは，本当に理解しているかというと，まず100%の人がわかっていないと言えます．本当にわかったときは，自信をもって「はっきりわかりました」と答えられるものです．

　「本当にはわかっていない」人には，いくつかの問題に解答をしたとき，一つでも答えが合っていれば，機械的に「わかったんだ」と思いこむ人が多いように思われます．多くの場合，それは，どんな形式の答えを書けば正解らしくなるのかだけがわかっていて，その形式に合わせて書いたものが，偶然正解に近いというケースです（確かに，この方法は，理解せずに試験を乗り越えるには良い方略かもしれません．でも，生きる力を蓄えるという意味ではマイナスに働きます）．そういう人は類似の問題に出会っても，確信を持って正解を記述することはできません．

　本当に何かが理解できたときには，自信をもって，その答えをどのように導けるのかを説明できます．理解を深めるという意味では，可能な限り，人に自分の理解を伝えるということを心がけていると良い結果が得られます．

完答重視の理解度チェック

　以上の理由から，この授業では，いくつかの同種の問題を出したとき，すべての問題を完全に答えることができて初めて，「わかった（理解した）」と評価することにしています．出題されるのは，基本的な問題ですが，全問正解でないとパスしないので「完答」重視です．

　学ぼうとしている事柄を集中して学ぶことにより，本当に理解できたときは，すがすがしい気分になり，その結果完答も可能になります．学びというのは，そういう気持ちになるために行っているのだという気になるぐらい，わかったときは楽しいのです．

逆に，100点満点の完答をするという壁が破れないときは自分の理解に何か問題があると考え，理解しきれていないポイントを探し出し，それらの問題点を取り除く努力をしてみてください．そのような原因探しを繰り返す中で，「物事の理解のしかた」がわかるようになります．

「テレビを見るように」学んでみたい

一見，テレビは，わかりやすく，努力なしでさまざまなことを教えてくれるように見えます．しかし，すべてのことについてテレビを見るような方法だけで理解できるわけではありません．たとえば，ほとんどの人にとって数学で学ぶ微分法や積分法の本質は，極限をとる操作がどういう意味をもっているのかを，計算を繰り返し行いながら，同時にその操作の本質について何度も考えて，「思考している自分」を感じ取るぐらいに突き詰めないと本当にわかった気になれないものです．

大学で学ぶことの多くは，集中して考えることのみにより学ぶことのできるような深みをもっています．決して，テレビを見るような安易な方法ではなく，学ぼうとしていることの本質について，それはなにかと突き詰める習慣をもって学習を進めてください．

学習時間を確保する

ある程度の深みをもった学習対象について理解するためには，一定の時間をかける必要があります．時間をかけずになにかを学ぶということは無理なのです．一定の深みのある事柄は，こま切れの時間を数多く積み重ねることでは理解することはできません．集中してそのことだけに向かうことのできる，連続した時間を確保してください．学習効率に大きな差があることに気づくと思います．

「自分に理解できないはずはない」と考えること

たしかに，学びの場には，わからないことはいっぱいあります．「どうしたら，わかるようになるのか」ということすら，見当がつかないこともあります．こういうときは，まったく，いやになってしまいます．しかし，すぐにわかることだけを学ぶのなら，学校で学ぶ必要はありません．一人では学びにくいこと，学べば良いのかどうかすら気づかないことを，体系づけて学ぶ機会を与えてくれるのが学校という場なのです．

わかるようになるために一番重要なのは，「他の人がわかることなら，自分にもわかるようになるはずだ」と考える心構えです．そして，とくに必修授業の内容は普通の人なら必ず理解できる程度のレベルで組み立てられています．まず，「自分にできないわけがない」，「これは理解できることなんだ」と考えること．それなしには，永久に理解まで到達しません．

段階を踏む

数学やプログラミングでは，英語や社会科の勉強と異なり，階段を昇るように，基礎的なところか

ら積み上げることをしないと先へ進めなくなります．早く先に進みたいあまり，理解が中途半端なまま学びを進めてゆくとどこかで破綻が起きます．ステップ・バイ・ステップで着実に学ぶ習慣を付けてください．

教科書は読み返したか

この教科書はそれほど難しい内容にならないように工夫をしています．ほとんどの単元は4ページで終わり，一気に読み進むことも可能です．しかし，すらすらと読めたからといって，一回読むだけで十分に理解できているとは限りません．むしろ，一回読むだけで完全に理解できるのは例外的なことだと考えてください．課題をやって，結果が思わしくないときは，解説を何度も繰り返し読んでください．

2.2.2 「わかっているはずなのに正解できない」ときどうするか

わかっているのに正解できないと言う人がいます．提出した課題では，正解を書けていたつもりなのに，返却されると答えがまちがっているというような場合があります．この場合，どう対策を考えればよいのかを示します．典型的な原因はいくつかあるので，述べておきます．

問題を読みまちがえている

問題をさっと読んでわかったつもりになるタイプの人がいます（結構多くて，ざっと受講者の三分の一程度が該当します）．たとえば「5から8までの整数を足したもの」は $5+6+7+8$ の計算をすればわかるはずですが，このとき，問題に出てくる2つの数字にだけに目をひかれて「5と8を足したもの」と思い込み，$5+8$ と答えを書いてしまうような場合です．早とちりをしないためには，重要な部分にしっかり下線を引きながら読んでください．

この延長上には，極端な例では問題の一部をまったく読み飛ばしているようなケースすら見られます．こういう人は，指摘されると「あっ！」と気づくのですが，同時に「たまたま読み飛ばしただけだ」と解釈し，結局なん度も同じまちがいを繰り返すことが多いものです．問題を読むという行為は，アクティブな注意力の持続を必要とすることに意識しましょう．

読めないような文字を書いている

トメ，ハネをきちんとしないと，ピリオドとカンマの区別，数字と文字の区別などがつかない場合があります．自分でメモをしたはずなのに，その自分が読んだときに違う解釈をしてしまっては，メモをした意味がありませんね．ところが，自分で書いた提出物を読んでもらったとき，自分でもなんて書いてあるのかわからないような人がたまにいます．

採点者が解答用紙に書いてある字を読めない場合は不正解とします．文字の形に個性があるのはよいとしても，一つひとつの文字がどういう文字であるのかがわかるように書いてください．提出課題は自分のメモではないので，薄い鉛筆で小さく書くようなことはしてはいけません．

プログラムの字面が正確でない

　プログラミングにおいては，細部の違いが決定的な動作不良の原因となります．ピリオドとカンマの区別，セミコロンの抜けなどはその典型例で，**書いた本人は大きなこととは考えていない場合も**ありますが，多くの場合，**本質的な問題**となります．細部をおろそかにしていないか，あたかもコンピュータになったつもりで，一文字ずつチェックしてください．

実はわかっていると思っていることが，本当はわかっていない

　「わかっているはずなのに，できない」なんて思う人もたまにいます．本人は自信を持って，「わかっている」と言うのですが，なん度試験をしてもうまくいかないようなことが起こります．どういうことが起こっているのでしょうか．

　ここでたとえ話をします．料理の名人がいるとします．この人の料理のしかたをそのまま，まねることができれば，同じおいしさの料理を作ることができそうです．ここで素人が，その名人の調理の様子を録画した映像を見ながら，同じ食材と道具を使って，自分で調理をしてみるとどうなるか，考えてみましょう．

　オムレツのような簡単にみえる料理であっても，おそらく，その人のやっていることをそのまま，まねて作っても同じおいしさのものをつくることはできませんし，その料理人に「あなたの作ったものと同じはずだ」といっても認めてはもらえないでしょう．調理の手順のなかには，包丁の使い方，火加減，味付け，いろいろなところに工夫があるはずです．料理番組では，気をつけるべきポイントを言葉にしてくれますが，より良い料理をつくるためには，料理人も細部までは意識していないことまで含まれているかもしれません．このように，われわれが，プロの料理人のマネをして料理を作ろうとするとき，一部は意識してマネをすることができますが，じつは，押さえておかなければいけないポイントを見逃してしまっているということは起こります．プロのやり方をまねたつもりでも，同じレベルになることが難しいことは想像がつきますね．

　プログラミングの勉強で，「わかっていると思っているが，うまくいかない」という時は，「注目すべき何かがあるのに，そのことがわかっていないか，まちがっている」可能性が大きいのです．いくらやっても，正解が得られないときは，正解とされる記述をみて，その正解にいたる筋道を確認した上で，「自分はなにを学べば良いのかを実はわかっていないのではないか」と問いかけてください．その上で，学ぶべき技術的項目を忘れていたり，基本的な項目の理解がまちがっていないか再確認し

てみてください．

　再確認のためには，自分と同じことを学んでいるクラスメートと，自分たちが学んでいることを語りあってみることも有効です．

　プログラミングにおいては，概念を理解できたとき，求められたことが必ずできると自信をもって言えますし，人にもきちんとそれが説明できるようになります．いったん，そういう状態になれば，あとはそれほど苦労はしないと思われます．

Column　プログラミングを楽しむ

　一般に学習にとって大切な要素といわれるのが動機（やる気）です．学びたい気持ちがなければ，時間をかけても学習達成度は高くなりません．自己の動機を高め，楽しみながらプログラミングを学ぶにはどうすれば良いでしょうか．

　まずは，「自分が使ってみたい」と思うプログラムを思い浮かべ，それを小さく作ってみることを勧めます．時計であれ，メモ帳であれ，簡単なプログラムを作ってみて，自分で使ってみましょう．

　ここで大切なのは，大きな構想を一気に実現させることを最初に求めるのではなく，機能は少なくても「利用可能な」状態にすることです．動作するプログラムを作ったあとは，意識的かつ積極的に，自分で実際に使ってください．使い込むうちに，さらに良くしたいと思うようになり，結果として自然にプログラミングに関心を持つようになるはずです．

　次に，プログラムの強化・改善を行います．実現したいことに近い動作をするサンプル・プログラムを見つけて理解し，新機能に必要なライブラリ中の関数を調べるという作業をしてみましょう．利用頻度の高い表現については，なるべく早く，なにも参照せずに書けるように努力します．参考書やマニュアルを見ずに関数が使えるようになれば，プログラムを書くスピードは加速されます．

　プログラミングをする中では，思いがけない困難に出会うことがあります．そんなときは，頭のなかで考えるだけでなく，構造を絵に描き，同級生やよりスキルを持っている人に相談してみることは，解決の近道につながります．こうやって，自分で工夫して，難易度の高い問題を解決できた時には，他では決して得られない特別な喜びや達成感を得ることができます．

第3章 提出物の書き方，プログラムの書き方

この科目における課題レポートの書き方，プログラムの書き方一般について述べておきます．課題は，第 IV 部「ワークブック」の問題を基本として出題します．

3.1 レポート・課題解答の書き方

レポートは，自分が理解していることを**他者に伝達する**ための手段です．ですから，まず，自分が理解できていない内容は書けません．さらに，なにかを理解できているとして，その理解したことができるだけ効率的に伝達されるようにする必要があります．この科目で行う課題レポートはその内容と同時に，形式も一定の水準の質をもっていることを要求します．

なお，ワープロ書きでの提出は認めません．これについては，手書きという方法をとることによって，より深く考えながら作業ができること，単純な絵による表現を求めることがあること，安易なコピー・アンド・ペーストを避けたいこと，などがその理由です．

3.1.1 鉛筆で書く

本来，レポートは耐久性や視認性を考えるとボールペンやペンなどで記述するのが良いのですが，多くの人がまちがえること，そのまちがいを訂正するたびに，すべてのページの書き直しを行うことは生産的ではないことなどから**鉛筆書きで良い**ことにしています．ボールペンなどの消せないインクで書かれたレポートも，形式的な要求を満たしているのであれば受理しますが，インクで書くことに対する加点は行いませんし，訂正などを行った部分が読みにくければ，減点の対象とします．

消しゴムで消せるもの（鉛筆，シャープペンシル）で記述してください．鉛筆で書くにあたって，他にも注意すべき点があります．

3.1.2 まちがえたらきれいに消す

まちがえたら，消しゴムできれいに消して書き直してください．塗りつぶして，周囲に文字を重ね書きするぐらいだったら，初めからインクで書いたほうがましです．鉛筆で書く意味がありません．

消しゴムで消す場所は，上質のプラスチック消しゴムを用いて，あとから書いた文字が鮮明に見えるように消してください（消し残しのため，読みにくいのは失格です）.

読みやすく書く

他人に読んでもらうことを想定してください．決して薄い字で書いてはいけません．BまたはHBの硬度の鉛筆の利用をすすめます（H以上の硬い鉛筆は使わないでください）.

小さい文字は読みにくくなりがちです．どんなに小さくても**6ミリ角**ぐらいの文字の大きさで書いてください．読みにくい文字は減点の対象とします.

3.1.3 誤字，脱字に注意

言うまでもないのですが，誤字，脱字のチェックをしてください．正しいという**自信**がないものは**辞書**でチェックをして書き直してください.

3.1.4 レイアウトを意識する

レイアウトとは文字を置く領域の位置や形状を決めることです．文字を記述するにあたっては，

- 記述の一行の先頭や長さをそろえる
- 上下左右の余白は統一的に残す
- 文字の大きさはできるだけ一定にする

などに留意してください．読み手のことを考えたレポートを提出してください.

3.1.5 途中のメモ書きを残さない

大学入学試験の記述問題では，思考過程のメモ書きや途中の計算式，算出された値を書いておくと部分点がもらえるということを聞いたことがあるかもしれません．（大学入試については，問題ごとに作られる採点基準によることになるでしょうが，）提出された課題レポートに対しては，メモのような中途半端な記述に点数を与えるということはありません．逆に，**よけいなことや無駄なことが書いてあった場合には，減点対象**とします.

レポート作成にあたっての作業で生じた計算やメモなどは，レポートには書かず，下書き用紙で作業をするようにしましょう．うっかりメモをした場合は，提出する時点で消しゴムできれいに消しておいてください.

3.2 プログラムの書き方

プログラムの書き方にはいろいろな流儀や個性があってよいのですが，基本的に以下のことを守ると，読みやすいプログラムになります．

インデントをつける

プログラムを書けるようになるとわかりますが，同じレベルにあるプログラムと，一段深いレベルにあるプログラムには違った意味合いがあります．それらのレベルに合わせるように，空白を入れ，先頭をそろえて，ぱっとみて，構造がわかるプログラムを書くようにします．

括弧の対応をわかりやすくする

プログラムの中でさまざまな括弧が使われますが，これらの括弧の「開き」と「閉じ」の対応をわかりやすく記述します．たとえば，括弧を開いた場合に閉じる位置をそろえるなど，対応関係をはっきり示し，読み手に始まりと終わりを意識させます．

注釈（コメント）をつける

プログラムには，コメントと言って，プログラムがどんなことをしているのかを英語や日本語で注釈しておく機能があります．この注釈は，なくてもプログラムは動作するのですが，注釈を書かないと，書いた人間のほうがどんなつもりでそれを書いたのか忘れてしまいます．注釈は，可能な限りわかりやすく書くようにします．そうやって手間をかけておいたほうが，あとで，人に説明したり，プログラムの手直しをすることが必要になったとき，再度解読する手間がかからずにすむので，結局効率がよいということになります．

変数名，関数名を直観的なものにする

関数や変数を使うとき，それらの関数，変数の意味がすぐにわかるような名前をつけます．意味のない関数名，変数名の使用は避けます．その上で，意味がわかる範囲で短めの名前をつけてください．うまく名前をつけると，あたかも注釈が書かれているように感じる効果もあります．

ダブりを避ける

大きいプログラムになってくると，類似した内容の処理が増えます．このとき，同じ内容の動作は，なるべく関数や繰り返しでまとめて書きます．

第II部

サンプルプログラムによる理解

第4章 サンプルプログラム

この資料のねらい

　プログラムを作るということはどういうことでしょうか．プログラムを書いたことのない人には，実際のところ，なにから手を付ければよいのか，まだ見当がつかないかもしれません．知らないことを理解するには，「まず，どんなものか大ざっぱにつかもうとする」か「よくわからないけれど，基礎的なことをある程度積み上げてみる」のどちらかの方法をとることが役立つものです．

　この教科書では，この章が「まず，どんなものか大ざっぱにつかもうとする」ことの手助けになることを目標にして書かれています．Processingを用いると対話性のあるプログラムを作成することが容易にできます．そこで，基本的なアクションゲームの一つ，ピンポンゲームを題材として，「役に立ちそうなプログラム」の例として説明を試みます．プログラムの書き方の詳細が気になった時には，第III部の「Processingに関する解説」の該当箇所を参照してください．

　最終形は1ページ程度のプログラムとなりますが，3行のプログラムから44行のプログラムになるまで，少しずつ機能拡張をしながら解説する方法をとります．一つひとつの学びをおろそかにせず，完成にいたるまでのすべてのステップを理解してください．実際のプログラムを作るときは，このような整理されたかたちでプログラムが発展してゆくことはごくまれで，プログラマたちは試行錯誤を重ねて，プログラムを磨きあげていくほうが多いことも理解しておいてください．

使い方

　1ページあるいは2ページずつ，プログラムと解説が併記されたレイアウトで説明を行います．プログラムはステップが進むごとに，なん行かが追加される構成になっています．最初から，どの部分が追加されたのかを調べながら，この章ではテキストに書き込みをしながら理解を深めていってください．

理解したことを説明できるようになってください

　このサンプルの1ページ目は誰でも説明できる簡単なプログラムです．1ページごとに少しずつ変

化していますが，どこにも大きなジャンプはありません．初めは，すべてのことを説明するのは難しいと考えますが，第III部「Processing に関する解説」を参照しながら知識を得てください．ここまでなら完全に説明できるというページを少しずつ増やして，最後はピンポンゲームのすべてを解説できるようになってください．

ピンポンゲームについて

　ここでいうピンポンゲームとは，力学の法則に従ったかのような動きをする世界をつくり，ボール（といっても，ここのボールは四角形なのですが...）の動きをコントロールする一種のアクションゲームです．ボールは，同じ速度で動きますが，上と左右の壁にぶつかると反射します．画面の下にはユーザがコントロールできるラケットがあり，それで打ち返せればボールの寿命は延びます．

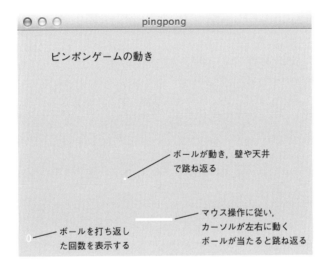

　この章のこれ以降の部分ではプログラムが小さなうちは1ページの上にソースコード，下に解説を示します．また，プログラムが大きくなった時には，左側のページにソースコードを示し，右側のページに，新たに付加された部分の動作について解説します．1段階進んで，追加のあった行については，コメントがつけてあります．参考にしてください．

4.1 何も設定していない世界

```
1  void draw() {
2    // do nothing means just showing a gray window
3  }
```

このプログラムは，対話的に動作するすべての Processing プログラムの基本形です．

何もプログラムされていないように見えますが，暗黙の指定があり，このプログラムは，縦，横がともに 100 の大きさのウィンドウを，グレイの背景色で出力するという設定がなされています．

4.2 ウィンドウを広げる

```
void setup() {
   size(400, 300); // enlarge window
}

void draw() {
}
```

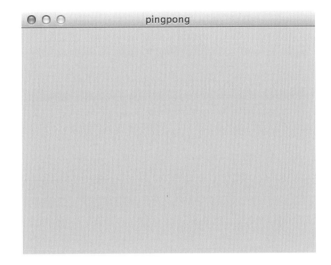

ここではウィンドウを拡大しています．

ウィンドウの大きさが，横 400，縦 300 となります．他の部分は，変わっていません．

4.3 ボールを置く

```
void setup() {
  size(400, 300);
}

void draw() {
  noStroke();
  rect(10, 10, 3, 3); // draw a ball
}
```

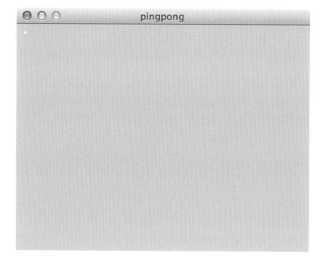

(10, 10)の位置に，縦3，横3の大きさの長方形を描きます．わかりにくいのですが，ウィンドウの左上にある白い部分に注目です．これを，ピンポンのボールとみたてることにします．

画面に透明な感じを出すために，枠を出さないよう，noStroke();を実行しました．

このProcessingの実行中，この長方形は，1秒間に60回の頻度で，絶えず描き換えられています．今は図形が動かないので，そのことは忘れられがちですが，心にとどめておいてください．

4.4 ボールを動かす準備

```
void setup() {
  size(400, 300);
}

float x = 10; // declare variable x
float y = 10; // declare variable y

void draw() {
  noStroke();
  rect(x, y, 3, 3); // ball
}
```

　これからボールを動かそうとしています．ボールを動かしやすくするために，そのボールの位置を変数で表現します．

　ボールの位置は，`float`型の変数 x, y で表すことにし，その初期値をそれぞれ，10, 10 としました．画面の表示は変更されないままです．

4.5 ボールを動かす

```
void setup() {
  size(400, 300);
}

float x = 10;
float y = 10;

void draw() {
  x = x + 1; // move x coordinate
  y = y + 2; // move y coordinate

  noStroke();
  rect(x, y, 3, 3);
}
```

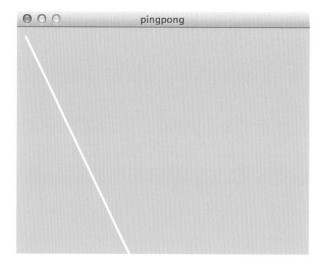

1フレームごとに，変数 x の値を1ずつ増やし，変数 y の値を2ずつ増やします．

フレームを描き換える動作は，1秒間に60回起こりますから，ボールの x 座標は1秒間に60，y 座標は1秒間に120変化することになります．

このプログラムでは，ボールが動くと，ボールの動いたあとが残ります．

4.6 ボールの軌跡を消す

```
void setup() {
  size(400, 300);
}

float x = 10;
float y = 10;

void draw() {
  x = x + 1;
  y = y + 2;

  noStroke();
  background(192, 192, 255);  // draw the background
  rect(x, y, 3, 3);
}
```

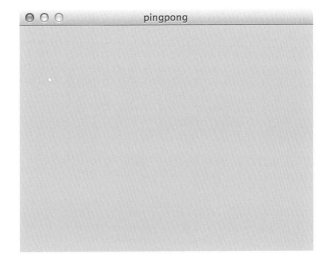

毎回，ボールを描く前にバックグラウンドを塗りつぶします．この処理をするとボールが動いているように見えます．

背景色は，`background(192, 192, 255);` によりブルーがかった色に変更します．

4.7 速度を変更可能にする

```
void setup() {
  size(400, 300);
}

float x = 10;
float y = 10;
float dx = 1; // declare variable dx
float dy = 2; // declare variable dy

void draw() {
  x = x + dx; // add dx to x at each step
  y = y + dy; // add dy to y at each step

  noStroke();
  background(192, 192, 255);
  rect(x, y, 3, 3);
}
```

ボールの速度は，1度フレームの描き換えを行うごとに，ボールの座標をどれだけ変化させるかによって決まります．

ボールの速度を変更できるように，1度の描き換えごとに変化させる座標値の量を変数として定義します（1回でいくつずれるのかを，変えられるようにしています）．

このように置き換えても，この時点では，dx, dy の値を先ほど定数として与えたものと変えていないので，プログラムの動作には違いは見られません．

4.8 天井と床で跳ね返す

```
void setup() {
  size(400, 300);
}

float x = 10;
float y = 10;
float dx = 1;
float dy = 2;

void draw() {
  if (y > height) { // at the floor change direction
    dy = -2;
  } else if (y < 0) { // at the bottom change direction
    dy = 2;
  }

  x = x + dx;
  y = y + dy;

  noStroke();
  background(192, 192, 255);
  rect(x, y, 3, 3);
}
```

　ボールのy座標がウィンドウの下端の座標になったとき，床にぶつかったと思うことにします．

　ウィンドウの高さは，システム変数 height の値を参照して調べることができます．ボールが一番下まで行ったとき，今度は上に向きを変えて動くように，dy の値を-2とします．

　床で跳ね返ったあとウィンドウの上端に達したときには，ボールのy座標は0になります．このときは天井で跳ね返って下向きに動くようにしたいので，dy の値を2とします．

　残念ながら現在の状態では，右端の壁にぶつかっても跳ね返らないので，ボールはすぐに見えなくなってしまいます．

4.9 左右の壁でも跳ね返す

```
void setup() {
  size(400, 300);
}

float x = 10;
float y = 10;
float dx = 1;
float dy = 2;

void draw() {
  if (x > width) { // at the right end change direction
    dx = -1;
  } else if (x < 0) { // at the left end change direction
    dx = 1;
  }

  if (y > height) {
    dy = -2;
  } else if (y < 0) {
    dy = 2;
  }

  x = x + dx;
  y = y + dy;

  noStroke();
  background(192, 192, 255);
  rect(x, y, 3, 3);
}
```

左右の壁にぶつかっても，跳ね返るようにプログラムを追加しました．

これで，ボールは画面の中に閉じ込められ，画面の外に行って見えなくなってしまうことはなくなりました．

注意： 画面の下部の跳ね返り，右側の跳ね返りに関する検出をするときに，このプログラムではボールの跳ねる位置の基準をボールの左上の座標 (x, y) に置いています．しかし，本来はボールがウィンドウの下部や右側で跳ね返るときは，それぞれ，ボールの下の端，あるいはボールの右端がウィンドウの下端，右端にきているかどうかのチェックをしなければなりません（ボールを大きくしたら動作がおかしいことがわかります）．さらに正確な動作をするためにはどのようにこのプログラムを変更するかは，皆さんへの課題とします．

4.10 跳ね返すためのパッドを作る

```
void setup() {
  size(400, 300);
}

float x = 10;
float y = 10;
float dx = 1;
float dy = 2;

void draw() {
  if (x > width) {
    dx = -1;
  } else if (x < 0) {
    dx = 1;
  }

  if (y > height) {
    dy = -2;
  } else if (y < 0) {
    dy = 2;
  }

  x = x + dx;
  y = y + dy;

  noStroke();
  background(192, 192, 255);
  rect(x, y, 3, 3);
  rect(mouseX, 250, 50, 3); // show a Pad
}
```

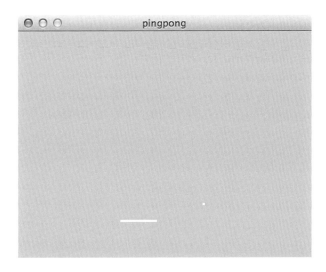

　ボールを打ち返すために左右に動く Pad を用意し，マウスカーソルの位置に応じて Pad を表示します．Pad の左端の x 座標は，マウスの x 座標の値を得るために用意されたシステムを変数 `mouseX` を使います．Pad の横幅はとりあえず 50 とし，Pad の y 座標は変化させず，250 という固定値とします．

　この Pad は表示されているだけなので，まだ，ボールに何の影響も与えません（まだ，ボールを跳ね返すことはありません）．

4.11 パッドで跳ね返す

```
void setup() {
  size(400, 300);
}

float x = 10;
float y = 10;
float dx = 1;
float dy = 2;

void draw() {
  if (x > width) {
    dx = -1;
  } else if (x < 0) {
    dx = 1;
  }

  if (y > height) {
    dy = -2;
  } else if (y < 0) {
    dy = 2;
  }

  x = x + dx;
  y = y + dy;

  noStroke();
  background(192, 192, 255);
  rect(x, y, 3, 3);
  rect(mouseX, 250, 50, 3);

  if (y >= 250) { // check collision
    if (x >= mouseX && x <= mouseX + 50) {
      dy = -2;
    }
  }
}
```

Padで打ち返しができるようにします．

ボールの高さが，パッドの高さより低くなったとき，ボールの位置が，パッドの幅に入っているかどうかをチェックします．

ぶつかっている条件を，
　　ボールの高さがパッドより低いこと，(y >= 250)
とあわせて，
　　ボールの位置が，パッドの左端と右端の間にあること (x >= mouseX かつ x <= mouseX + 50)
として判定しています．

4.12 打ち返しのカウント

```
void setup() {
  size(400, 300);
}

float x = 10;
float y = 10;
float dx = 1;
float dy = 2;

int count = 0; // declare variable for counting hits

void draw() {
  if (x > width) {
    dx = -1;
  } else if (x < 0) {
    dx = 1;
  }

  if (y > height) {
    dy = -2;
  } else if (y < 0) {
    dy = 2;
  }

  x = x + dx;
  y = y + dy;

  noStroke();
  background(192, 192, 255);
  rect(x, y, 3, 3);
  rect(mouseX, 250, 50, 3);
  text(count, 10, 280); // show count

  if (y >= 250) {
    if (x >= mouseX && x <= mouseX + 50) {
      dy = -2;
      count = count + 1; // increment count
    } else {
      count = 0; // reset counter
    }
  }
}
```

4.12 打ち返しのカウント

Pad での打ち返しが何回続いているかのカウントを行うことにしましょう．

count という int 型の変数を宣言して，関数 text() で表示します．打ち返しがうまくいったときは count に 1 だけ加算し，しくじったときは 0 にリセットします．カウントの値はとりあえず，画面左下に表示します．

4.13 打ち損じの処理

```
void setup() {
  size(400, 300);
}

float x = 10;
float y = 10;
float dx = 1;
float dy = 2;
int count = 0;

void draw() {
  if (x > width) {
    dx = -1;
  } else if (x < 0) {
    dx = 1;
  }

  if (y > height) {
    dy = -2;
  } else if (y < 0) {
    dy = 2;
  }

  x = x + dx;
  y = y + dy;

  background(192, 192, 255);
  rect(x, y, 3, 3);
  rect(mouseX, 250, 50, 3);
  text(count, 10, 280);

  if (y >= 250) {
    if (x >= mouseX && x <= mouseX + 50) {
      dy = -2;
      count = count + 1;
    } else {
      count = 0;
      x = 0;   // move to initial position
      y = 0;   // move to initial position
      dx = 1;  // change to be initial velocity
      dy = 2;  // change to be initial velocity
    }
  }
}
```

Pad での打ち損じのときは，別のボールが新たに座標 (0,0) から，同一の初速度で出てくるように見せかけます．この段階ではボールの数をコントロールする機能はついていません．

付録，日本語注釈付き，ソースコード（復習用）

```
void setup() {
  size(400, 300); // ウィンドウの大きさを決める
}

float x = 10; // global variable ボールのx座標
float y = 10; // global variable ボールのy座標
float dx = 1; // global variable ボールの速度(x成分)
float dy = 2; // global variable ボールの速度(y成分)
int count = 0; // global variable ヒットのカウント

void draw() {
  if (x > width) { // x座標のチェック 厳密には x+3 > width とすべき
    dx = -1; // 右端を越えていたらボールのx速度成分を左向きにする
  } else if (x < 0) {
    dx = 1; // 左端を越えていたらボールのx速度成分を右向きにする
  }
  
  if (y > height) { // y座標のチェック 厳密には y+3 > height とすべき
    dy = -2; // 下端を越えていたらボールのy速度成分を上向きにする
  } else if (y < 0) {
    dy = 2; // 上端を越えていたらボールのy速度成分を下向きにする
  }
  
  x = x + dx; // ボールのx座標を速度のx成分だけ変化させる
  y = y + dy; // ボールのy座標を速度のy成分だけ変化させる
  
  background(192, 192, 255); // 背景のぬりつぶし
  rect(x, y, 3, 3); // ballを3×3の大きさの正方形として描く
  rect(mouseX, 250, 50, 3); // Padを50×3の大きさの長方形として描く
  text(count, 10, 280); // ウィンドウの左下にヒットのカウント表示
  
  if (y >= 250) { // ボールがPadの位置より低くなっていたら当たり判定をする
    if (x >= mouseX && x <= mouseX + 50) { // ボールがPadに当たった時
      dy = -2; // ボールのy速度成分を上向きにする
      count = count + 1; // カウントを増す
    } else { // 打ち損じた場合はリセット処理をする
      x = 0; // ボールの位置を再設定(x座標を0にする)
      y = 0; // ボールの位置を再設定(y座標を0にする)
      dx = 1; // ボールのx成分の速度を再設定(x軸方向の成分を1にする)
      dy = 2; // ボールのy成分の速度を再設定(y軸方向の成分を2にする)
      count = 0; // 連続ヒット数のカウントをリセット
    }
  }
}
```

改善し,プログラムとしての完成度を上げてください

　この章で紹介したプログラムは,注釈にも記したところがありますが,わかりやすく紹介するために,あえて簡略化した箇所がいくつもあります.まだまだ,良いゲームにしようとするにはいくつもの課題が残されています.

　このプログラムがゲームとして高い完成度を持っていないという課題は,このプログラムを読んだ皆さんへの「改善をするお楽しみ」として残されているとお考えください.

　改善案のヒントは,いくつも挙げられます.

- 打ち損じがいくらでも許されるのではなく,使用できるボールの数の上限を決める
- ボールの形を変える
- 一度に複数のボールを使う
- 途中でPadの大きさを変えて難易度を変える
- 音を出す
- プログラムの骨格を生かして,ピンポンゲームからブロック崩しに進化させる

　まずは,このプログラムをよく読み,理解してください.それらをもとにしてゲームの拡張を行って,完成度の高いものにしたり,別種のゲームへと発展させるような挑戦を行ってみてください.

Column プログラムをまねる

　プログラミングに慣れたあと，次のステップに進むためには，他の人の優れたプログラムを読み，それらを「まねる」ことが有益です．ここでいうまねをするとは，単純にコピー・アンド・ペーストすることや，パターンを暗記することではありません．既存のプログラムを調べ，自分で新しいプログラムを作るとき，以下に示す四つのポイントを意識すると，他者の書いたプログラムの良い点を自分のものにしやすくなります．

プログラムを選ぶ：
まず，マネしたいと思うプログラムを見つけだすことが必要です．ソースコード付きのプログラムを見比べて，工夫のなされたもの，わかりやすいものを選びます．いくつものプログラムを見比べる作業を行うことで，プログラムを評価する力が身につきます．

形式を味わう：
プログラムの書き方，コメントの方法に注目してください．そこで，プログラムのわかりやすさの へ工夫，作者の心遣いを感じてください．一見して読みやすいものには，いろいろな工夫が一貫性をもって積み重ねられているはずです．

動作の流れを理解する：
プログラムの動作の本質を理解します．基本的なデータはどのようにして用意されているか，最終結果はどのような形で提示されるのか．基本データから最終結果を得るまでの，基本となる流れ（アルゴリズム）を読み取ってください．

再現する：
まねをしようとしたプログラムをもとに，自分自身のプログラムを作成します．既存のプログラムを書き換えると，意味のわからない部分をそのまま残してしまうこともあります．思い切って，ゼロから書き始めてください．プログラムの表現形式については，自分が最も合理的だと思う方法でプログラムを作成します．

第III部

Processingに関する解説

第5章 プログラミング言語Processingを学ぶ理由

5.1 プログラミング言語が一般に持つ特徴

コンピュータは,人が双六ゲームで遊んでいるときのようにひと連なりに記述された「ある種の言葉」を「あらかじめ決められた約束」に従って,一コマ分ずつ読んで実行します.これらの言葉で記述されたものの全体をプログラムと呼び,あらかじめ決められた方法で読んでいって,プログラムの記述がなくなるまで,実行を続けます.

行うべき動作を並べておくだけであれば,一通り決められたことを実行して終了となります.しかし,双六のように後戻りして「一度実行した動作が記述してあるところに戻って,プログラムの一部をもう一度実行する」ことを可能にすると,たとえ短いプログラムであっても,際限なく繰り返す動作の実行を続けさせることも可能です.

A. 定義された順番に実行すると実行ステップ数は有限

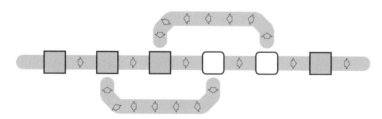

B. 双六のように同じ動作を繰り返す場合,ステップ数は無限にもなる

プログラミングには,このように,なにかの効果を引きおこす「実行されるコマ」にあたる部分と,コマをどのような順番でどのようなときに利用するのかといった「コマの実行順序を決める部分」があります.これらのプログラムの働きを,文字を用いて書き記すために用いるのがプログラミング言語です.

5.2 他のプログラミング言語とProcessingの関係

　コンピュータ上で動作する多くのプログラミング言語がありますが，広く使われているプログラミング言語の中でProcessingに良く似たものとしては，「Java」，「C」，などの言語があります．それぞれ用途（利用する場面）が異なります．初心者のみなさんに，他の言語を学ばずProcessingを最初に学ぶことを勧める理由を以下で説明します．

　Processing, Java, Cの各言語で書いたプログラムには，かなりの類似性が見られます．それはProcessingがJavaを参考に設計され，JavaはCを参考にして設計されたプログラミング言語だからです．もちろん，それらには大きな違いも存在します．以下に簡単にこれらの3つの言語の特徴[1]を紹介します．

5.2.1 Processing

　ユーザがマウスやキーボードで操作するとき，素早く画面を描き換える「対話的プログラム」とか「インタラクティブ・システム」と呼ばれるプログラムを，入門者でも記述しやすいように工夫しているプログラミング言語です．I/Oボードと呼ばれる機器を組み合わせて，それらの制御を行い，発光ダイオードを点滅させたり，加速度，室内の明るさなどを測定することも可能です．

　この言語は記述が簡潔であるため，使いやすいのですが，作成したプログラムの処理速度が他の言語に比べて低速であったり，扱えるデータの量に関する制限が多い，という欠点があるためJavaやCに比べて，入門者向きと言えます．公立はこだて未来大学では，「情報表現入門」以外の授業でも，この言語が使われています．

5.2.2 Java

　オブジェクト指向という考え方を取り入れたプログラミング言語です．スマートフォンのAndroid上のアプリケーションを記述するのに使われているという側面もありますが，PC上で動作するアプリケーションプログラムを作成したり，クラウドコンピューティングのようなインターネット上のブラウザから使えるサービスを作成するためによく使われています．高機能，大規模で安定したシステムを記述しやすい言語ですが，利用するためにはProcessingより専門的な知識を必要とします．

　Processingは，いったんJavaプログラムに変換されて実行されているという関係も存在します．

---

[1] この3つの言語以外の言語を知らないとわからないことなのですが，これらの3つの言語は，他のプログラミング言語と比較した場合，多くの共通点をもっています．他の言語のなかには，かなり異なった言語もあるということです．

5.2.3 C

この言語は，歴史も長く，多くのコンピュータで動作します（C言語を拡張してオブジェクト指向型にしたC++という言語も存在します）．コンピュータに行わせることを詳細に表現できるという点で優れていますが，簡潔性という点では，Processingには劣ります．たとえば，文字を画面に出すだけのもっとも簡単なプログラムを作成するにも数行の記述を追記する必要があります．

Javaに比べて実行速度の速いプログラムを作ることが可能であり，記述の自由度が高いため，オペレーティングシステムの記述にも適しています．コンピュータを細部まで利用したいときはこのC言語を用いますが，記述の自由度が高いことから，してはいけない動作を書いてしまうことも起こりやすくなります．「F1レースで用いるようなレーシングマシンは，一般の車両より高性能だけど，扱いにくいところがある」という比喩が当てはまるかもしれません．コンピュータのシステム側に近いプログラミングをする場合に，使用される可能性の高い言語です．

5.2.4 Processingを最初に学ぶ理由

以上からわかるように，Processingは，JavaやCに類似している部分が多く，それらの縮小版と考えることができます．Processingで学んだことの中心となる部分が，JavaやCを学ぶときにあてはまるので，まずは，単純で使いやすく，わかりやすいProcessingから学び始めることが合理的なのです．

5.3 本テキストの範囲

このテキストはコンピュータ科学知識体系の「プログラミングの基礎」におけるPF1(プログラミングの基本的構成要素)に対応する部分をカバーするように記述されています．
1. 高水準言語の基本構文と意味論
2. 変数，型，式，代入
3. 単純な入出力
4. 条件判定と繰り返しの制御構造
5. 関数と引数受け渡し
6. 構造的分解

5.4 本書でのプログラミングの説明の方法

プログラミング言語は人間が設計したものです．自然の中で出来上がったものと異なり，その構成

要素のすべてを順序立てて説明することも可能です．しかし，その枠組みは膨大なもので，数学を四則演算から学ぶような方法でプログラミングを学ぶと全体像を理解するために時間がかかり，初学者にとってはわかりにくいものになります．

ここでは，語学を学ぶときに，「簡単な買い物」のような，小さく完結した状況を前提にするように，小さな世界に関してできるプログラミングを最初に学びます．そのあとは，記述できる世界を少しずつ広げるような方法で理解してゆけるようにしました．

以下のような順序でプログラムを学ぶようにしています．

5.4.1 使ってみる，だれかが作ったプログラムを動かす

とりあえず，プログラムを動作させることを学びます．自動車の運転にたとえれば，自動車を手に入れ，その自動車に乗ってハンドルを握り，エンジンをかけて，アクセルを踏み出すまでのところまでを説明します．

- Processing の実行環境を入手する方法
- すでに存在するプログラムの実行のしかた

5.4.2 プログラミングの考え方を理解する

基本 状況に応じて動作を変えることまでの基本的な機能について学びます．
- 画面に絵を描く
- 数の計算
- 変数の使い方
- 画面の動き
- 状況判断

繰り返し 繰り返しの実行と複数のデータの扱いに関する操作を学びます．
- 繰り返す作業
- 複数のデータ（配列）の扱い

データの読み書き ファイルからの読み込み，書き出しについて学びます．
- ファイル入出力

関数 何度も使う動作を一カ所で記述し，管理する方法について学びます．
- 関数の利用と定義

発展 発展的テーマを学びます．
- 言語の機能の詳細，その他

第6章 Processing開発環境の入手と実行まで

　自分でProcessingのプログラムが書けない場合でも，他の人があらかじめ作成したプログラムがあれば，それを実行することが可能です．Processingの場合は，定められたルールに沿った場所にプログラムを置くと，それを実行することが可能になります．

　利用しているコンピュータによって，アプリケーションプログラムを動作させるための基本プログラムであるオペレーティングシステムが異なる場合があります．ProcessingはWindows, MacOS, Linuxそれぞれのオペレーティングシステムで動作させることができます．自分のPC上でも動作するように，オペレーティングシステムを確認した上でProcessingの実行環境をインストールしてください．

6.1　Processingに関する情報源

　Processingに関する基本的な情報は，http://www.processing.org/に読みやすい英語で記述されています．このProcessingのサイトは，そのソフトウェアの更新に合わせて頻繁に変更がなされます．もとのサイトで変更が行われた場合，この教科書と内容に整合性がなくなることが起こるため，本書には，サイトの内容に関する詳細な情報を掲載することは行いません．Processingに関して，より詳しいことが必要な場合には上記のWebサイトを見てください．

　英語については，最初戸惑っても多くの人は，すぐに慣れます．いくつかの項目が紹介されていますが，学び始めた人には以下の項目をこの順で見ることをお勧めします（以下の項目は2014年1月現在のWebサイトの構成に基づいています）．

- Examples (http://www.processing.org/examples/) 小さいけれど有用なプログラムが数多く紹介されています．これを見て自分が作りたいプログラムに関する想像を広げることができます．
- Reference (http://www.processing.org/reference/) Processingが提供する機能の一つひとつが紹介されています．すべてを学べば，Processingのほぼすべてが理解できます．
- Tutorials (http://www.processing.org/learning/) Processingの提供する機能をいくつかのトッピックスにわけて紹介しています．Processingやプログラミング，コンピュータグラフィックスに関する知識を深めるのに役立ちます．

6.2 ダウンロードと実行

6.2.1 ダウンロード

「Processing 言語で書いたプログラム」を動作させる開発環境と呼ばれるプログラムは，インターネット上に公開されています．これを自分の PC にダウンロードして利用します．開発に貢献している人を支援するために，献金をすることはできますし，「No Donation」を選んで，無料で利用することもできます．URL は，

http://www.processing.org/download/

です．自分の Windows または，Macintosh, Linux の環境にインストールしてみてください．そのためには，解凍という作業を行って，zip 形式のファイルから，実行可能なフォルダに変換します．変換後は Processing のアイコンをダブルクリックします．

6.2.2 実行

Processing ではウィンドウとして開かれた，開発のための環境でプログラムを作り実行します．真ん中の「テキストエディタ」にプログラムを書き込んだあと，実行ボタンを押します．実行の詳細は次章以降で説明を行います．

第7章 画面への描画

この章では簡単な図の描き方を学びます．表示されたウィンドウの中に長方形，線分，楕円，数字，文字などを表示することができます．

7.1 ウィンドウと座標

なにもプログラムを書かない場合でも，プログラムは実行されます．「プログラム実行ボタン」を押すことにより，Processing はウィンドウを表示します（それ以上の動作はしません）．大きさの指定をしていないとき，このウィンドウ（灰色の部分）の大きさは，自動的に 100 ドット ×100 ドットとされます．

ウィンドウの中には，座標が割り当てられています．ただし，数学の教科書にあるデカルト平面と原点の位置と座標軸の向きが異なります．その違いとは，原点 (0,0) が左上にあり，y 座標が大きくなると点の位置が下になるという「座標値が増大する方向」の違いです．これ以降，この座標系に絵を描いてゆきます．

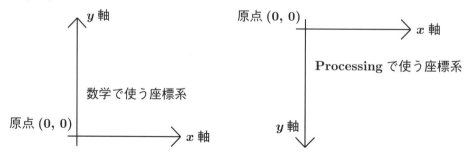

7.2 長方形

まず，なにも考えずに，以下のプログラム 1 行分だけを入力し実行してみてください．

```
1  rect(10, 20, 40, 30);
```

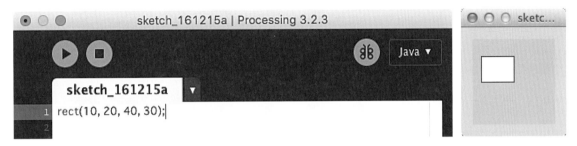

画面上に，上の図のような，黒く枠取りされた，白色の長方形が現れます．rect() というのは長方形を描けという指示（関数）です．画面の中で「(」と「)」の間に並んでいるものは**引数**（ひきすう，15.1.2 項参照）と呼ばれます．ここでは，引数によって長方形の位置や大きさの指定を行っています．引数については，カンマと呼ばれる記号「,」で区切って，必要な個数の値を記入します．引数の個数は関数によって異なります．引数をとらないもの（つまり，0 個）のものもあります．

Processing の書き方で，一般的な言葉の説明をします．長方形を表示するような，Processing が提供する機能を用いるときに，

機能の名前 (値 1, 値 2,..., 値 n);

のような書き方をします．上の例では，rect が「機能の名前」にあたります．このように引数を受け取って一定の機能を実現するものを，Processing では，関数[1]と呼びます．rect() という関数には引数が 4 つあることになります．最後についている記号「;」はセミコロンと言います．

問：引数は，前から何番目の引数であるかによって，その意味が決まります．関数 rect() の，1 番目，2 番目，3 番目，4 番目，にある 10, 20, 40, 30 という引数は，長方形を表示するにあたって，それぞれどのような意味をもつのか，調べてみてください（Processing で使われる関数の引数の意味は，http://www.processing.org/reference/ にあります．英語で書かれていますが，難しい英語ではありません）．

---

[1] 機能も関数も英語に訳すと function になります．関数や引数の概念は，多くのプログラミング言語に共通するものです．Processing では関数をメソッドと呼ぶこともあります．

7.3 線分

今度は，別の機能を利用するために，Processing のページを調べてみることから始めます．まず，Processing のサイト上のページ，http://www.processing.org/reference/ にアクセスします．そのあと，関数 `line()` の詳細を記述したページへのリンクを見つけてください．そのページを読んで，`line()` という関数の機能の記述 (Description) と構文 (Syntax) および引数 (Parameters) について調べてください．

以下のプログラムを実行する前に，表示される図形を予想し，実際に図に書いてみてください．

```
line(10, 10, 40, 40);
line(10, 40, 40, 10);
```

動作が自分の予想と違っていたら，必ず，自分の考えたことと起こったことがどのように違うのか理由を見つけてから次に進む ようにしてください[2]．

7.4 色をつける

ディスプレイに表示される図形には，色をつけることができます．コンピュータの色は，絵の具のように混ぜれば混ぜるほど暗くなるものではなく，カラーテレビと同じ原理で，色と色とを加えると明るくなっていくものです．このとき，光の三原色は，赤，緑，青であり，それらを混ぜる割合を変えることにより自由に色を調整することができます．

この三原色は，0 から 255 の値でその明るさを指定します．たとえば，(R:255, G:0, B:0) なら 赤，(R:0, G:255, B:0) なら 緑，(R:0, G:0, B:255) なら 青となります．

Processing の彩色方法については，図形の塗りつぶしの色の指定と，枠の色の指定との 2 つの彩色方法があります．

---

[2] 自分が書いたプログラムでどのようなことが起こるかを，明確に考えた上で，その動作を確認することはプログラムの学びに必須のアプローチです．動作が予想と異なる時，徹底してその理由を考えることでプログラミングの理解が進みます．

7.4.1 塗りつぶし

以下のプログラムは塗りつぶしを行います．図形の枠の色を指定しない場合，黒になります．

```
fill(255, 0, 0);
rect(10, 10, 60, 20);
fill(0, 255, 0);
rect(10, 40, 60, 20);
fill(0, 0, 255);
rect(10, 70, 60, 20);
```

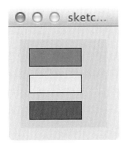

7.4.2 枠の色を変える

2つ目の長方形から，枠の色を黄色にします．そのために，stroke() という関数を用います．

```
fill(255, 0, 0);
rect(10, 10, 60, 20);
fill(0, 255, 0);
// ここまで枠の色を指定していなかったので枠の色は黒
stroke(255, 255, 0); // ここから枠の色を変える
rect(10, 40, 60, 20);
fill(0, 0, 255);
rect(10, 70, 60, 20);
```

7.4.3 枠を描かない

noStroke()という関数を用いると枠を描かなくなります．すっきりした図形表示になります．

```
noStroke();  // 図形の枠は描かない
fill(255, 0, 0);
rect(10, 10, 60, 20);
fill(0, 255, 0);
rect(10, 40, 60, 20);
fill(0, 0, 255);
rect(10, 70, 60, 20);
```

7.4.4 半透明にする

色を指定するfill()には，4つ目の引数を指定して，0から255までの色としての透明度を設定することができます．255は不透明を，0はまったくの透明を表します．値を128程度にして，重ねて図形を表示すると，セロファン紙を重ねたような半透明感が認識できます．

```
fill(128, 128, 128, 128);
rect(10, 20, 60, 40);
rect(30, 40, 60, 40);
```

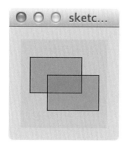

7.5 文字を出力する

7.5.1 ウィンドウ内への表示

ウィンドウの中のどの場所にも（複数の）文字の表示ができます．以下の例を参照してください．

```
1  text("Hello", 10, 70);
```

最初の引数として表示したい文字を書きます．文字を並べて書くのですが，この文字の並んだものを「文字列」と呼びます．文字列であることを示すためには，両端をダブルクォートで挟んだ記述にしてください．続いて，表示したい場所のx座標，y座標を順に記述します．

```
1  text("Hello", 10, 70);
2  line(10, 70, 90, 70);
```

上記のプログラムを実行した結果が下図です．x, yの座標として示したのは，テキストのおおよそ左下の座標であることがわかります．

フォントの種類や色などを変えることもできますが，ここでは説明しません．

7.5.2 ウィンドウ外（コンソール）への表示

Processingのプログラムを書くテキストエディタの下の黒い帯の部分（コンソール）に，文字を表示することができます．

変数xの値が知りたいときは，println(x);というプログラムを書いておけば，その時点で変数xが持つ値をコンソールに表示することが可能です．

7.6 ウィンドウの設定変更

Processing では，長方形のウィンドウに対して表示が行われます．これまでも，このウィンドウに対して表示を行っていましたが，さらに，このウィンドウはその大きさを変更したり，背景色を変更することなどが可能です．

ウィンドウの大きさ

なにも指定しないときにはこのウィンドウは横 100 ドット，縦 100 ドットの大きさで表示されています．このウィンドウの大きさは，関数 `size()` で変更することが可能です．

ウィンドウの背景色

ウィンドウのもとの色は薄い灰色ですが，このウィンドウのもとの色を変えることができます．そのための関数は `background()` で引数の数は，1つあるいは3つです．灰色で階調のみを表現するときは引数1つ，色を指定したいときは，引数3つで指定します．デフォルトの背景色は，R,G,B ともに 192 として設定された色になっています．

7.7 注釈（コメント）：プログラムとして実行されない記述

プログラムの意味を日本語や英語で書いておきたいと思うことがあります．しかし，普通の日本語や英語をそのままプログラムの中に書くと，実行ボタンを押した時，プログラムのエラーが出てプログラム全体が実行できません．そのような時，「ここの部分はプログラムではないので無視する」ように指定することができます．プログラムとしては無視される部分は**コメント**と呼ばれます．

コメントは，書かれたプログラムを完全に消すことなく，（再度復活させることもあるという前提で）一時的に，プログラムのある部分の実行をさせないために用いられることがあります．

コメントのつけ方は，以下に紹介するように2通りあります．

7.7.1 一行ごとにつけるコメント

ある行に書いた記述の説明をするときに便利な方法です．まず，例を示します．

```
rect(10, 20, 40, 30);   // 長方形を描く
```

一行のなかで「/」が間に文字をはさまずに「//」のように続けて2つ書かれるとそれ以降に記述されたものは，プログラムとしては無視する決まりになっています．この例では，コメントとなっているのは「長方形を描く」といった記述です．

7.7.2 複数行にわたることのできるコメント

「/*」で始まり「*/」で終わる部分は，複数行にわたって無視されます．説明をつけるために使われることもありますが，一度書いたプログラムのその部分を，なんらかの理由で「とりあえず実行しない」ようにしたい場合にも使うことができます．

以下にあるのは色を付けるところで説明したプログラムの一部をコメントにしたものです．どのような表示がなされるか，予想したあと，実行してみてください．

```
fill(255, 0, 0);
rect(10, 10, 60, 20);
/*
fill(0, 255, 0);
rect(10, 40, 60, 20);
*/
fill(0, 0, 255);
rect(10, 70, 60, 20);
```

第8章 数の計算

加減乗除の計算について学びます．小学校のときを思い出してみると，「整数だけを扱う計算」と「小数点も使える計算」を区別する必要がありました．プログラミングの世界でも，これらの区別があります．

8.1 数の表示

数のことを議論する前に，まず，数を画面に出す方法について述べます．文字列を出力するときに用いた関数 `text()` を使うことができます．

数を画面に表示するには，数を最初に書いて，そのあとに，表示される数の x 座標，y 座標[1]を指定します．以下のプログラムでは，1番目の引数は 1234 なので 1234 が表示される数になります．2番目と3番目の引数が 10, 40 なので表示される数字の先頭の位置は x 座標が 10, y 座標が 40 となります．

```
text( 表示したい数または式 , 表示される数の x座標 , 表示される数の y座標);
```

ここでは，色の指定を行わないとテキストが白になって見えにくいので，`fill()` を用いて，テキストの色を黒くしています．また，`textSize()` を用いて文字の大きさを変更することができます．

```
fill(0);
textSize(30);
text(1234, 10, 40);
```

---

[1] テキストの位置は多くの場合，文字の左下あたりを指しますが，これについては，文字により変わることがあります．

コンピュータに計算を行わせ，その計算結果を表示することもできます．**text**という関数の1番目の引数に数そのものではなく，加減乗除の演算をともなう計算式を書くと，計算式そのものではなく，**計算した結果**が表示されます（これは便利ですね）．

```
text(50.0 + 3.5 - 70.0, 10, 40);
```

上のプログラムは，式50.0 + 3.5 − 70.0の計算結果を (10, 40) から始まる場所に表示します．あらかじめ，実行結果を予想した上で，実際に実行してみてください．

8.2 数と計算

```
2
```

```
2.0
```

多くのプログラミング言語では，**整数**と**浮動小数点数**という二種の数を区別して用います．整数は2のように記述し，浮動小数点数は2.0のように記述します（2は整数であり，浮動小数点数であるとは考えません．両者の意味は異なります）．

8.3 足し算，引き算

```
5 + 2
```

```
5 - 2
```

```
5.0 + 2.0
```

```
5.0 - 2.0
```

足し算，引き算は記号「+」と「-」を用いて計算をすることができます．これだけだと，難しいことは起こりません．

8.4 掛け算，割り算

ここでは，プログラムにおける，数の割り算の説明を行います．**整数**と**浮動小数点数**という二種の数の違いの最も大きなものは，商を求めるために割り算を行ったときの結果です．

割り算を示す記号としては，(キーボード上にないため)「÷」という記号を使わず，かわりに「/」という記号を使います．整数5を整数2で割った商の値を知りたいときは，プログラムでは，以下のように書き表します．値は2です．

```
5 / 2
```

整数同士を割り算すると，商は整数となり，余りも求めることができます．整数5を整数2で割った余りを知りたいときは，プログラムでは以下のように書き表します．値は1になります．

```
5 % 2
```

浮動小数点数同士の割り算をすると，商は浮動小数点数になります．そのプログラムを以下に示します．

```
5.0 / 2.0
```

実行結果は，もちろん2.5という値です．

8.5 計算の順序と括弧の活用

一般に，計算は，式の左から右へと順に行われます．数学の式と同じように掛け算と割り算に関係する計算は，足し算，引き算よりも優先して行われます．

括弧でくくられた場所は，括弧の外に優先して順序を繰り上げて計算が行われます．以下のプログラムの実行結果をまず，予想した上で，実行結果を確認してください．

```
text(2.0 - 3.5 * 7.0, 10, 30);
text((2.0 - 3.5) * 7.0, 10, 50);
text(2.0 - (3.5 * 7.0), 10, 70);
```

8.6 三角関数，対数関数など

数学で用いられる一般的な関数の値を得る方法が用意されています．三角関数，対数関数などは，図形の表示や対数グラフの作成などにも利用されます．これらの関数に引数(処理を始めるのに必要なデータ)を与えると，その関数の値が得られ，その値を加工して表示したり，変数に代入したりすることができます．利用できる関数は http://processing.org/reference/ の Calculation をはじめとするの各項目を見ることで知ることができます．

三角関数の引数として与える角度は弧度法です．たとえば，360°を与えたいときは，2πを引数と

して与えることを覚えておいてください．2π の値は，`3.141592 * 2.0` などとして与えることもできますが，`TWO_PI` と書くことも可能です．これらは定数と呼ばれます．たとえば，以下のプログラムで $\cos(45.0°)$ の値を得ることができます．

```
cos(TWO_PI * 45.0 / 360.0)
```

算出した値を再利用するには，たとえば以下のように変数を用いて値を保存します．

```
float x = cos(TWO_PI * 45.0 / 360.0);
```

x は変数というもので，`float` は x が浮動小数点数を値として持つことを示しています．変数に関する詳しい説明は次章で行います．

計算に関連した関数や定数には以下のようなものがあります．それらの意味を含め，あらかじめ調べておくと，プログラムが簡単に記述できるようになるというメリットがあります．

- Calculation(計算)：

abs(), ceil(), constrain(), dist(), exp(), floor(), lerp(), log(), mag(), map(), max(), min(), norm(), pow(), round(), sq(), sqrt()

- Trigonometry(三角法)：

acos(), asin(), atan(), atan2(), cos(), degrees(), radians(), sin(), tan()

- Random(乱数)：

noise(), noiseDetail(), noiseSeed(), random(), randomGaussian(), randomSeed()

- Constants(定数)：

HALF_PI, PI, QUARTER_PI, TAU, TWO_PI

第9章 変数：データの置き場所に名前をつける

計算や操作を行う中で，計算して得た値をいったん覚えておきたいことがあります．プログラムでは，このようなとき，値をコピーする場所を確保して，その場所に名前をつけることができます．この仕掛けは，数学で使う変数にも似ており，ここでもそれを変数と呼びます．値をしまう場所につけた名前は，変数名あるいは変数の名前と呼ばれます．

9.1 変数を用いたプログラムの例

説明の前にプログラムの例を示します．プログラムの実行結果を想像してみてください．

```
1  int x = 10;
2  int y = 20;
3  text(x + y, 10, 50);
```

上のプログラムを解釈してみましょう．1行目では，まず10という整数の値をコンピュータメモリ上のとある場所に置き，その場所をxと呼ぶことにします．次いで，2行目では，20という整数の値をメモリ上の別の場所に置き，その場所をyと呼ぶことにします．3行目では，関数text()を用いて，ウィンドウ上の(10, 50)という表示位置に変数xで示された場所に置かれた値(つまり10)と変数yで示された場所に置かれた値(つまり20)の和を表示しようとしているようです．

変数x, yを利用する「場所」のイメージ

実行してみると，3行目のプログラムの中で，x, yと書かれた部分はその名前のついた場所に置かれた数に置き換えて計算され，x + yは，画面には10 + 20の計算結果30が表示されます．

9.2 変数の使い方

なにかの値をとっておきたいとき，その場所を確保する操作が必要です．その際，コンピュータは

- 置かれるデータの種類（データの大きさが決まります）
- とっておく場所の名前（あとから利用するときに，場所を名前で区別します）

を決定します．これらの操作を変数の宣言と呼びます（変数を宣言しただけでは，変数の値はありません．値を代入（9.2.4項参照）して利用してください）．

9.2.1 変数の型とは

Processingで扱う数には，整数と浮動小数点数があります．これらをデータ型と呼び区別します．整数のデータ型は，`int`型（英語のintegerを短くしたもの），浮動小数点数のデータ型は，`float`型（こちらもfloating point numberを省略したもの）と呼ばれます．現段階では，数を表すためには，`int`と`float`の2つの型があることを覚えてください．

9.2.2 変数の名前のつけ方

禁止されている名前

実際のところ変数の名前のつけ方には，もう少し多くの規則がありますが，以下の規則を守れば，あまり困ることはありません（ただし，規則違反のときは，プログラムが実行されません）．また，アルファベットの大文字と小文字は異なる文字として扱われます[1]．

- 変数の名前には，アルファベットの大文字，小文字，数字ならびに，アンダースコア（_）を用いる．それ以外の文字は用いてはならない．
- 変数名の最初に数字を用いてはならない．
- Processingのなかで「`if`」，「`int`」のように別の用途に使われる特別な言葉[2]を使わない．

わかりやすい名前をつける

変数名として，（システムがエラーだとしない名前を選ぶ限り）どのような名前をつけたとしても，プログラムは同じ動作をします．しかし，他の人と共同作業でプログラミングをする場合には，ほかの人にその意味が理解しやすくなる配慮が必要ですし，自分で読み返したりすることも頻繁に起こります．変数の名前には，その変数が持っている意味がわかるように，なるべく覚えやすくかつ，扱いやすい名前を選んでください．さらに，変数の名前のつけ方には，プログラマの間でのしきたりのようなものもあります．似たような役割をする変数には，同じような名前をつけます．

一文字からなる変数，i, j, k, l, m, n,... について：数を1からNまで，とか0から$N-1$までカウントするときは，それらの値をもつ変数として，一文字のiやjをよく使います．これは，「対

---

[1] 大文字，小文字についてはプログラミング言語によって扱いは変わります．
[2] 予約語と呼ばれることがあります．

象を指し示すため」の指標とか，添字などとよばれる「index」として i が用いられたことによるのかもしれません．アルファベットの i の次は j なのでカウントするときに 2 つ目の変数が必要なときは，j を用いることが多くなっています．同様に，k, l, m, n, も int 型の整数値をカウントするときに，i, j, だけでは足りないときによく用います．

一文字からなる変数，a, b, c, ... について：a, b, c などは浮動小数点数を表す float 型の一文字の変数名としてよく用いられます．

変数の名前はあまり長くないほうが，入力が楽でミスが少ないのですが，一見して何のデータなのかをわかりやすくする工夫は別途必要です．合計は，英語では summation ですが，多くの場合，プログラマは，sum という変数名を使います．短いけど「合計」ということがわかるからです．s や sm では短すぎるという感じです（s は文字列 (character string) を使うときによく使われますので，文字列を示すこと以外の用途には使わないというのも大きな理由です）．

また，扱うデータの種類が多くなると，さらなる配慮が必要になります．英語と算数の点数を両方扱いたい場合には，それぞれの点数を同じ名前で mark と呼ぶことはできません．英語と算数の点数の変数を独立に宣言する必要があります．こういうときは，英語の点数だと english_mark とか englishMark などとして，「_」や大文字を使って区切りを入れた名前づけがよく行われます．記号「_」で区切るか，大文字で区切るのかは，一つのプログラムの中で一貫性があるよう扱いを決めます．多くの場合，eMark のように短く簡潔な名前をつけます．

9.2.3 変数の宣言

たとえば，int 型の値を置くための変数である n と m を用いたいときは，以下のような（複数の変数名をカンマで区切った）プログラムを書くことで，n と m の両方を一度に使えるようにすることもできます．このように変数を使う前に行う作業を変数の宣言[3]と呼びます．

```
1  int n, m;
```

9.2.4 値の代入：データの値の書き換え

宣言された変数 n に整数値 5 をその値として設定するような作業を代入といいます．

---

[3] この作業により，コンピュータの中のメモリ（記憶装置）のある場所を，他のプログラム動作によって書き換えられないように確保し，そのスペースの貸し出しを受けることができるようになります．

```
int n;
n = 5;
```

　ここで注意してほしいのは，n = 5; は決して「nと5が等しい」という意味ではなく，「nという変数名で示された場所に，5という値をコピーする」という意味であることです（この操作を実行すると，次のnへの代入が起こるまでの間，nという変数は5という値をとります）．本当は「n <- 5;」とでも書いたほうがわかりやすいのかもしれませんが，Processing では，n = 5; と書きます（プログラミング言語のJava, C でもこの書き方はまったく同じです）．

```
int n, m;
n = 10;
m = 5;
n = n * m;
text(n, 10, 20);
```

　上のプログラムでは，変数nの値を，それまでのnの値とmの値の積で置き換える操作を示します．宣言しただけでは変数の値は未定の状態です．宣言と同時に変数に値を代入する書き方もあります（これを，「初期化」と言います）．以下に例を示します．

```
int n = 100;

text(n, 10, 20);
```

9.3 システム変数

　Processing にはあらかじめ宣言され，値をすでに持っている変数があります．また，これらの変数の値は，別のプログラムによって変更されることも起こります．たとえば，mouseX, mouseY などは，マウスがウィンドウ上にある場合は，プログラムが実行された時点の（画面上のマウスの動きに応じた）マウスのx座標，y座標をそれぞれ得ることができます．

　このような変数をシステム変数と呼び，マウス関連だけではなく，さまざまなものがあります．Processing サイトのさまざまな関数やライブラリの説明の中で紹介されています．

第10章 アニメーション

この章で述べるのは，Processing という言語がもつ特徴的な仕組みです．この仕組みのおかげで，時間とともに表示が変化し，リアルタイムに反応するプログラムを簡単に記述することができます．

10.1 おさらい—静止した表現

これまで Processing で，紙に描かれた絵画や図のように動かないものを記述する方法を学んできました．これは，static mode と呼ばれます．static mode では，画面に表示する操作がプログラムで記述され，1 度だけそのプログラムが呼び出されます．表示は 1 度だけ行われますので，結果としては静止した表現になります．

10.2 動く表現

静止した表現に加えて Processing では，アクションゲームや，アニメーションのように画面が時間とともに動くプログラムをつくることができます．これは，active mode と呼ばれます．

動く表現の基本は，「テレビや映画のアニメのように，定期的に画面を描き直す」ことで行われます．1 枚ずつ，変化を与える必要がありますが，このことは，変数の値を，毎回画面を描き換えるときに変化させることにより実現できます．動く表現のプログラムには，毎回，画面を描くために実行される部分である関数 draw() と，最初に一度だけさまざまな値を整えるために実行される部分である関数 setup() が存在します．

10.2.1 関数 draw() のはたらき

「void draw() {」で始めて，対応する「}」で終わるような「プログラムの一部」は「draw という名の関数」であるといいます．

```
void draw() { // 関数 draw の始まり
  /*
   ... ここに 関数 draw の動作を記述します
   ... 定期的 (通常1/60秒に1回) に実行されます
  */
} // 関数 draw の終わり
```

関数の概念については，15章で説明しますが，Processing のプログラムでは void draw() として関数を定義することによって active mode で実行することをを選ぶことになります．active mode では，決められた時間間隔で関数 draw() に書かれた処理を繰り返し実行します．void draw() のように関数を定義したとき，（呼び出し頻度を変更する特別な指定をしなければ）プログラム実行時にこの 関数 draw() は，1秒間に60回呼び出されます．関数 draw() の中で，毎回異なる絵を描けば，結果として1秒間に60回異なる絵が表示されることになります．

10.2.2 変数とその「スコープ」について

関数 draw() の中には，ウィンドウに図形を描くプログラムを記述することができます．このプログラムで毎回描く内容が同じであれば，static mode と変わりませんが，変数への代入などにより，毎回状態が変化するようにして，画面の内容を変化させ，アニメーションとして表示します．ここでは変数と，そのスコープ（プログラムの中での有効範囲というような意味です）が重要な役割をはたしています．変数は，関数の中でも，関数の外でも宣言することができるため，宣言のしかたにより以下のような区別をします．

グローバル変数

関数の外で宣言された変数は，グローバル変数と呼ばれます．グローバル変数は，プログラムが実行されている間ずっと有効な値を保ち続け，さまざまな関数の中から参照したり，関数の中で代入したりすることができ，変数の値を変えることにより，他の関数の実行に影響を与えることができます．

ローカル変数

関数の中で宣言された変数は，ローカル変数（場合によっては自動変数）と呼ばれます．ローカル変数は，関数が呼ばれている間だけ変数として有効であり，関数の部分のプログラムの実行が終わった段階でその内容はリセットされ（消され）ます．データをわざわざ，消す必要がないようにも思われますが，必要がなくなったメモリを自然な形でシステムに返すことは，「効率的なプログラムが作りやすい仕組み」を提供していることになります．

ローカル変数はグローバル変数より優先される

グローバル変数とローカル変数に同じ名前の変数を宣言することもできますが，ローカル変数がスコープ内にあるときはローカル変数を優先して，参照や代入が行われます．ローカル変数が宣言されている関数の中では，ローカル変数と同じ変数名をもつグローバル変数を参照することはできないし，そのグローバル変数に代入することもできません（それで問題があるなら，同じ変数名を使うべきではありません）．

グローバル変数をカウンタとして使う

次に，以下のプログラムを見てください．注意してほしいのは，count という変数を関数 draw() の外で宣言していることです．もし，関数 draw() の中で，変数を宣言すると draw() を呼び出すたびに，変数の値はリセットされてしまい，毎回同じ表示をせざるを得なくなります．これでは static mode と同じことになります．

毎回表示する絵を変更するためには，draw() を呼び出すたびに count の値がリセットされないよう関数 draw() を定義する前で，変数 count を宣言します．この例では，draw() を呼び出すたびに変数 count の値が 3 ずつ累積加算されます．

```
int count = 0; // 関数の外で宣言されたグローバル変数，関数実行後でもその値を維持

void draw() {
  rect(count, count, 10, 10); // 右の 10, 10 は長方形の縦横の大きさ
  count = count + 3;
}
```

このプログラムは，最初に「(0,0) と (10,10) を頂点とする正方形 (長方形)」を，次は，「(3,3) と (13,13) を頂点とする正方形 (長方形)」をというように，座標を 3 ずつ右方向と下方向にずらしながら正方形 (長方形) を次々と重ねて描いてゆきます．

10.2.3 関数 setup() のはたらき

draw() の実行前に，変数の値を整えるなど，準備をしておきたいときは，void setup() という関数を定義して，その中で設定を行うことができます．たとえば，以下の例では，frameRate(2); を実行することにより，画面の描き直しが「1 秒に 2 回」行われるように設定変更します．ほかにも，window の大きさを変更する場合などは，setup() の中で設定を変更します．

ここに出てくる frameRate() という関数は，float 型（int 型で指定しても自動変換されるので問題はありません）の引数を一つとり，1 秒間に何回画面の更新を行うかを設定します．

```
void setup() {
  frameRate(2);
}

int count = 0;

void draw() {
  rect(count, count, 10, 10);
  count = count + 3;
}
```

10.2.4 まとめ：setup() と draw() の使い方

static mode：既存の関数を必要に応じて呼び出す記述を連ねたプログラムです．記述されたプログラムは 1 回だけ実行され，アニメーションを行いません（下図の左側）．

active mode：関数 draw() が定義されている場合は，関数 draw() の中に繰り返し実行される部分を記述します（下図の右側）．関数 setup() が定義されていれば，関数 draw() が繰り返し実行がなされる前に，1 度だけ関数 setup() を実行します．

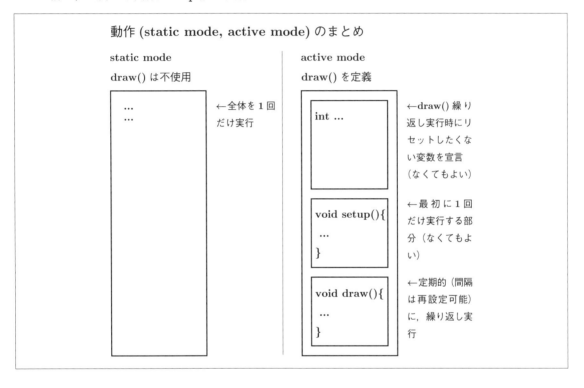

第11章 条件式と分岐：if文とswitch文

「変数の値によって画面の色を変える」など，プログラムの動作を状況によって変えたいときがあります．プログラミングにおいては「変数」と「条件」による「分岐」が理解できれば，状況に合わせて動作を選択する記述が可能になります．ひとまず，これらを理解して「作って楽しいプログラム」を書いてみます．

11.1 条件式とは

条件式は，プログラムの一部であり，数を表す変数の値が（大小比較して）ある範囲にあるかどうかを調べるために用いることが可能です．たとえば，int 型の変数 x が存在し，その x の値が 3 を超えているかどうかを知りたいときには，「x > 3」という条件式を作成します．「>」は比較演算子と呼ばれるもので，x の値が 3 を超えているとき式「x > 3」の値は true に，さもなければ false になります．

「式」はなんらかの値を持ちます．条件式は，条件が成立することを意味する true（真），もしくは条件が不成立であることを意味する false（偽）のどちらかを値としてもつ「式」です．条件の真偽値を示すデータは，boolean 型と呼ばれるデータ型として扱われます．

11.2 if文

さっそく，条件式を使って，ある条件が成り立ったときだけ，あらかじめ決められたプログラムが実行される記述をしてみます．たとえば，int 型の変数 x の値が 0 より大きいとき，int 型の変数 y の値を 1 減らすプログラムは以下のようになります．if の直後の () の中に条件式を記述します．

```
1  if (x > 0) { // 条件式の値が true かどうかチェックしている部分
2      y = y - 1;   // 条件式の値が true のときに実行されるプログラム
3  }
```

このプログラムの意味は if の後にくる括弧の中に書いてある条件が満たされるときだけ，{ と } で囲まれた部分のプログラムを実行するというもので，{ と } の間に，何行にもわたるプログラムを書くことができます．実行されるプログラムを図式化すると次の図のようになります．変数の値の変化

に対応できる柔軟な動作をするプログラムを書くにあたって，この構文は重要な意味をもっています．

 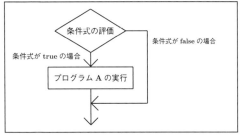

11.2.1 if〜else〜

条件が成り立っていたら A という動作を実行するのに加え，条件が成り立たない場合には B を実行するようにしたい場合があります．そういうときは，if と else を使った記述ができます．

```
1  if (x > 0) {   // x が正の値なら
2    y = y - 1;   // y を 1 減らす
3  } else {       // そうでなければ
4    y = y + 1;   // y を 1 増やす
5  }
```

上のプログラムでは，x の値が正であれば y の値が 1 減り，そうでないときは y の値が 1 増えるという動作をします．実行されるプログラムの流れを図式化すると次の図のようになります．

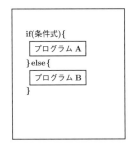 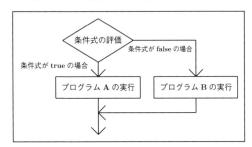

ここで紹介した，if と条件式を用いた「プログラムの文」は if 文と呼ばれます．

11.3 大小比較

条件判断は，数の大小比較をもとに行うことが多いのですが，その記述方法はいくつかあります．

11.3.1 等しいこと

2つの値が等しいかどうかをチェックすることもできます．たとえば，変数 x の値が 0 と等しいかどうかをチェックするということを考えてみます．等しいかどうかをチェックするだけではプログラムとしては意味がありません．等しいことがわかったら，等しくない場合とは異なる動作を行うよう指定します．

int 型の変数 x の値が 0 と等しいときのみ，int 型の変数 y の値を 1 減らすプログラムは以下のようになります．

```
if (x == 0) { // 等しいかどうかチェックしている部分
  y = y - 1;  // 等しいときに実行されるプログラム
}
```

x == 0 の部分が，条件式です．x の値が 0 のときは true の値をとり，それ以外のときは false の値をとります．このプログラムでは，条件式の値が true のときは y = y - 1; が実行され，false のときは何も実行されません．

条件式の中で，2つの値が等しいかどうかを判断する場合には = を **2 つ続けて書かなければいけない**ことをしっかり覚えてください．このことを忘れて，条件式を書いたつもりでありながら，if (x = 0)... のように書いてしまうことがありますが，これは x に 0 を代入するという意味になるのでエラー[1]とされます．なお，この記号は int 型，float 型どちらの比較にも用いることができます．

11.3.2 大小比較一般

2つの値を比較するとき，それらが同一かどうかだけではなく，一般的な大小関係を表す記号[2]を使って比較することができます．それらを以下に列挙します．これらも条件式として扱います．

左の項 < 右の項	左の項の値が右の項の値より小さいとき true，それ以外は false
左の項 > 右の項	左の項の値が右の項の値より大きいとき true，それ以外は false
左の項 <= 右の項	左の項の値が右の項の値以下のとき true，それ以外は false
左の項 >= 右の項	左の項の値が右の項の値以上のとき true，それ以外は false
左の項 != 右の項	左の項の値が右の項の値と異なるとき true，それ以外は false
左の項 == 右の項	左の項の値が右の項の値と等しいとき true，それ以外は false

以上は，わざわざ覚えるほどのことでもなく自然に使える記述法だと思います．まちがえて =< や => を使う人がいますが，**== 以外で等号が左側に来るものはない**と覚えてください．

---

[1] C 言語ではエラーとならないのでまちがいに気がつきにくいことがあります．
[2] これらはいわば，== の仲間であり，比較演算子と呼ばれます．

11.4 条件の組み合わせ：「かつ」，「または」と「ではない」

　たとえば，「金額が100円以上1000円未満の場合に，粗品を渡す」といった処理をしたい場合には，「100円以上　かつ　1000円未満」であるという条件を表したくなります．Processingでは「かつ」を「&&」で，「または」を「||」として表現することができます．たとえば，xの値が100以上でなおかつ1000未満ならyの値を1にするという処理は以下のように記述します．

```
if ((x >= 100) && (x < 1000)) { // x が１００以上で かつ１０００未満か？
  y = 1;    // 上の条件が満たされたときに実行されるプログラム
}
```

　括弧を用いて，組み合わせをすると，「100以下の数であって，3または5の倍数である」など，より複雑な条件を記述することができます．

```
if ((x <= 100) && ((x % 3 == 0) || (x % 5 == 0))) {
  /*
   ... x が１００以下であり，かつ
   ... x が３の倍数（３で割った余りが０）または xが５の倍数（５で割った余りが０）
   ... のときここの部分が実行されます．
  */
}
```

　ある条件が成り立つときfalseに，成り立たないときtrueとなるようにするには，記述した条件式の前に（式が括弧でくくられていなかったらそれを括弧でくくってから）!をつけます．この式の最終的な値はもとの条件式が成り立っていないときにかぎりtrueとなるので，「... でない」という意味になります．たとえば，以下の2つの記述は同じ意味を持ちます．

```
if (x <= 100) {
```

```
if (!(x > 100)) {
```

「xは100以下である」と「xは100を超え『ない』」は同じ意味になるからです．

11.5　switch文

　たくさんの場合分けをする際など，if文に比べて特殊な場合に使われます．たとえば，整数の値をとる式[3]の値がどんな値になるかを，個別に分けて条件を記述したいときに使います．

　以下の例では，変数monthの値が1, 3, 5, 7, 8, 10, 12のときはプログラムはそれぞれ，2, 3, 4, 5,

---

[3] 変数を含んだ計算式など，変数のみ，（あまり意味はないが）定数のみでもよい．

6, 7, 8 行目に実行場所を移動します．case で始まり:で終る部分は実行を移す場所を決めているだけなので，プログラムとしての動作はせず，通り過ぎるだけになります．結局 9 行目の days = 31; が実行され，次の 10 行目で break;と書かれた break 文に遭遇します．ここで switch 文の実行は終わりとなり，次は，switch 文の次に書かれたプログラムが実行されます．

同様に変数 month の値が 4, 6, 9, 11 のときはプログラムはそれぞれ，11, 12, 13, 14 行目に実行場所を移動し，break 文までの実行が行われます．

17 行目にある default:というのは case で示されていない 0 や 13 のような（あるいは 10000 でもかまいませんが...）値が month の値としてあたえられたときにプログラムの実行が移される場所です．以下の例は，month という月を表す変数に値を与えると，その月はなん日あるのかが days という変数に代入されるプログラムです．この種の処理は，if 文で書くととんでもなく長くなってしまうことがあります．

```
1   switch (month) { // month の値で判断
2   case  1:
3   case  3:
4   case  5:
5   case  7:
6   case  8:
7   case 10:
8   case 12:
9     days = 31; // 1，3，5，7，8，1 0，1 2 のとき実行
10    break; // break で switch 文の外に出る
11  case  4:
12  case  6:
13  case  9:
14  case 11:
15    days = 30; // 4，6，9，1 1 のとき実行
16    break; // break で switch 文の外に出る
17  default : // case に当てはまらなかった場合実行
18    days = 28;
19    break;
20  }
```

11.6 入れ子構造

ロシア人形のマトリョーシカのように，箱のなかに箱を入れるような構造を「入れ子 (nesting)」構造と呼びます．if 文においては，if 文の中に if 文を書く，といった入れ子のような記述が可能で

す．次に例を示します．

```
if (x > 0) {

  y = 1;

} else { // if文の一部に

  if (x < 0) { // if文が入っている
    y = -1;
  } else {
    y = 0;
  }

}
```

if文一つの場合は，2通りの場合分けしかできませんが，上記のようにif文を重ねて用いることにより，xの値を，正の数，0，負の数となる3つの場合に分けて，yの値として，それぞれ1, 0, -1を代入するというようなことが可能になります．

さらに，if文では，if文の中にif文が定義されているという構造を何重にでも重ねることが可能です．

11.7 if 文の使用例

11.7.1 3で割った余りによって背景の色を変える

if 文を使って，背景色を変化させるプログラムを作ります．x の値を3で割ったとき，その余りが1の場合，2の場合，それ以外の3つの場合に分けて，それぞれ背景色を変化させます．

ここでは，x の値を変化させるために，x の値としてシステム変数を用いて，マウスの x 座標を得ています．その結果，マウスを横方向に動かすと背景色が変化します．

```
void draw() {
  int x;

  x = mouseX; // mouse の X 座標 を x の値とする

  if (x % 3 == 1) {
    background(128);
  } else if (x % 3 == 2) {
    background(0, 128, 0);
  } else {
    background(128, 0, 0);
  }

  text(x, 10, 40); // x を表示する
  text(x % 3, 10, 60); // x を3で割ったあまりを表示する
}
```

11.7.2 跳ね返る図形

if 文を用いて，跳ね返る図形を作成した例を示します．

```
int x = 0;
int y = 50;
int w = 17;
int dx = 1; // 1フレーム分 x座標が変化する

void setup() {
  noStroke();
}

void draw() {
  background(128); // まずバックグラウンドを塗りつぶす
```

```
12
13    rect(x, y, w, w); // 長方形を描く
14    x = x + dx; // 次に描くと長方形の x座標を移動させる
15
16    if (x + w > 100) { // 右に行き過ぎた場合
17      dx = -1; // 移動速度を左向きにする
18      x = x + dx; // 右にはみ出した分を戻す
19    } else if (x < 0) { // 左に行き過ぎた場合
20      dx = 1; // 移動速度を右向きにする
21      x = x + dx; // 左にはみ出した分を戻す
22    }
23
24    text(x, 10, 40); // x座標を表示する
25  }
```

このプログラムでは1回描画をするごとに，長方形の位置が変化し，左右どちらかの方向に移動し続けます．長方形が，表示画面の右端あるいは左端にかかったとき，移動方向を逆にする機能を持っています．このような，方向転換機能を可能にしているのが，if文です．

第12章　繰り返し：while文とfor文

これまで学んだ範囲でプログラムを実行すると，プログラムは記述した機能を呼び出して実行されますが，書いた記述を超える回数の実行がなされるわけではありません．「示した回数だけ特定の処理を繰り返す」とか「やめろと言われるまで続ける」プログラムを書くためには，もう一つ要素が必要になります．ここでは，それらの繰り返しを指示する要素について説明をします．

12.1　while文：条件が満たされる限り，実行しつづける

while文は見かけはif文と似ています．もちろんその意味は違います．その違いについて述べます．

```
1  if (x > 0) {
2      x = x - 1; // if文では 実行されるのは0回または1回
3  }
```

if文は条件を調べて，条件が合っていたときには，1度だけ「{」と「}」で囲まれたブロック内の処理を実行します．いわば，門番は1回しかチェックをしないのです．上記のif文では，条件が合っていても処理は1回実行されるだけなので，「xが正の数の場合のみxが1減る」ことになります．

```
1  while (x > 0) {
2      x = x - 1; // while文では 何回か実行が繰り返されることもある
3  }
```

while文も条件を調べて，条件が合っていたとき，{と}で囲まれたブロック内のプログラムを実行します．しかし，ブロック内のプログラムが実行されたあと，再度条件をチェックし，条件が合っているかぎり，何度でもブロック内の処理を繰り返します．門番は毎回条件のチェックを行います．

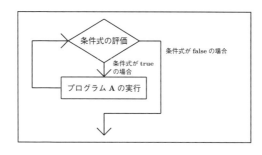

だから，while 文では，条件が合っているかぎり，ブロック内の処理が繰り返されることになります．与えられた x が正の整数の場合は，チェックして正ならば 1 減らすということが繰り返され，while 文の終了後の x の値は 0 になります．これに対して，与えられた x が 0 以下の値であった場合には何もせずに処理が終了し，x の値はもとのままとなります．

12.2　for 文：決まった回数だけ繰り返す

for 文はブロックで囲んだ範囲を決まった回数だけ実行するときに使います．たとえば，ブロックの中に書かれた処理「x の値を一つ減らすこと」を 3 回実行したいときは，以下のように書けばよいのかとも思われるのですが，**残念ながらそうではありません**．

```
/* 間違った例です */

for (3) { // ←「こういうものかと予想するが，実はこうではない」という架空の例
   x = x - 1; // x の値を一つ減らす記述　これは正しいプログラム
}
```

その理由はおそらく，以下のようなものでしょう．

1. 繰り返しの最中に，何度目の呼び出しかという**カウンタの値が必要になる**ことがある
2. 繰り返しのカウンタを 1 ずつ増やすのでなく，2 ずつ増やしたり 1 ずつ減らしたい場合がある

要するに for 文にはカウンタの値を利用し，繰り返しの回数を決める仕組みが埋め込まれています．それではカウンタはどのように増減させるのでしょうか．実際には，for 文には以下の 3 つのことを可能にする枠組みが用意されています．

1. カウンタの変数を最初に設定する機能
2. 繰り返しを続けるかどうか判断をする機能
3. 1 回実行したあと，カウンタの値を変更する機能

これらは，for の後にくる () の中に，セミコロン（;）2 つを使って 3 つの部分に区切りながら記述

します．以下の図のパート1，パート2，パート3にあたる部分が上で述べた，3つの機能を果たす部分です．

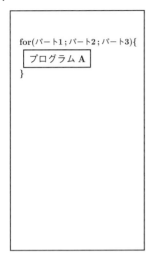
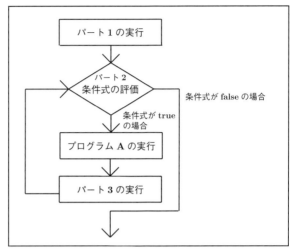

まず，パート1が最初に1度だけ実行されます．次に，「パート2の条件を調べて，条件が成立していれば，本体の実行を行い，そのあとパート3を実行」します．さらに，「パート2の条件を調べて，条件が成立していれば，本体の実行を行い，パート3を実行する」ということを，パート2の条件が成り立たなくなるまで繰り返します．この操作はwhile文でも記述することができますので，同等の動作をするものに書き換える方法を以下に示しておきます．

```
for文の構成

for(パート1;パート2;パート3){
  本体
}
```

```
while文への書き換え

パート1;
while(パート2){
  本体
  パート3;
}
```

このように，while文の構文があれば，for文を使わずにプログラムを書けることがわかりました．では，なぜ，for文があるのでしょうか．あるいは，逆に考えると，while文がよく使われていますが，for文もまた，よく使われています．これはなぜでしょうか．一般に「繰り返し行われる処理の実行回数が決まっているとき」はfor文で書き，「処理の回数が決まっておらず，一定の条件になるまで実行を繰り返すとき」はwhile文で書くという使い分けがなされます．このような書き分けを行うと，プログラムが読みやすくなります．したがって，繰り返しの記述のときには，動作の内容を考え，for文，while文の使い分けを意識的かつ適切に行ってください．

12.3 for 文の実行を追う

次に，for 文に関する理解を深めるため，以下の例を用いながら，for 文の実行ステップに合わせてコメントを書き換えながら，説明を行います．

```
1  int i, x = 100;
2
3  for (i = 1; i <= 2; i = i + 1) {
4    x = x - 1;
5  }
```

1. 1行目が実行されると，x の値は 100 になります．2行目はプログラムがありません．変数 i が `int i,` のように宣言されているので，2行目を実行した時点で変数 i の値は未定です．

```
1  int i, x = 100; // ← まずここで x に 100 を代入，i の値は未定
2                  // ← この行では何も起こらない
3  for (i = 1; i <= 2; i = i + 1) {
4    x = x - 1;
5  }
```

2. 次は3行目が実行されます．3行目から5行目までの for 文全体の動きを考えます．for 文実行の最初に「i = 1;」が実行されるので，カウンタとなる変数 i の値は 1 になります．

```
1  int i, x = 100;
2
3  for (i = 1; i <= 2; i = i + 1) { // ← パート1である i = 1; を1度限り実行する
4    x = x - 1;
5  }
```

3. （1回目）次において，i の値は 1 なので，パート2「i <= 2」の条件式の値は true です．

```
1  int i, x = 100;
2
3  for (i = 1; i <= 2; i = i + 1) { // ← 直後にパート2の値が true なので本体実行
4    x = x - 1;
5  }
```

4. 条件式の値が true なので，本体である「x = x - 1;」を実行します．変数 x の値が 100 から 99 に変化します．

```
1  int i, x = 100;
2
3  for (i = 1; i <= 2; i = i + 1) {
4    x = x - 1;  // 本体である4行目を実行する x の値が 1 減る
5  }
```

5. そのあとパート3の「i = i + 1」が実行されてiの値が2になります．

```
1    int i, x = 100;
2
3    for (i = 1; i <= 2; i = i + 1) {
4      x = x - 1;
5    } // 本体の処理後，パート3の i = i + 1 を実行し，パート2の値をチェック
```

6. （2回目）今度も，iの値は2なので，パート2「i <= 2」の条件式の値はtrueです．

```
1    int i, x = 100;
2
3    for (i = 1; i <= 2; i = i + 1) { // 条件式 i <= 2 の値をチェック，再び本体実行
4      x = x - 1;
5    }
```

7. パート2がtrueなので本体の「x = x - 1;」を実行するとxの値が99から98になります．

```
1    int i, x = 100;
2
3    for (i = 1; i <= 2; i = i + 1) {
4      x = x - 1;   // 条件式が trueと判断されたので，本体を実行する
5    }
```

8. パート3「i = i + 1」が実行され，iの値が3になります．

```
1    int i, x = 100;
2
3    for (i = 1; i <= 2; i = i + 1) {
4      x = x - 1;
5    } //本体の処理後，パート3の i = i + 1  を実行
```

9. （3回目）今度は，iの値が3なので，「i <= 2」の値はfalse（不成立）です．

```
1    int i, x = 100;
2
3    for (i = 1; i <= 2; i = i + 1) { // 条件式 i <= 2 をチェック，本体継続中止決定
4      x = x - 1;
5    }
```

10. パート2の条件式が不成立なので，本体は実行せず，for文の次の行を実行します．

```
1    int i, x = 100;
2
3    for (i = 1; i <= 2; i = i + 1) {
4      x = x - 1;
5    } // for文の実行が終わる ... for文のあとに続きがあれば，そのプログラムを実行
```

このように，このfor文ではiが2以下の値である限り実行が続けられました．ブロック内の本体プログラムが1回実行されるたびに，iの値が1ずつ増えました．すなわち，このfor文が実行される間にiの値が1, 2と変化し，3になったところで実行が終わったことになります．結果としてxの値を1減らすという操作を2回行い，100という値をもっていた変数xの値が98となりました．

12.4　二重ループ，多重ループ

「繰り返すこと」を「繰り返すこと」があります（if文のところで説明した「入れ子」構造と同じです）．「2個のまんじゅうをつくる」ことを3回繰り返すと，6個のまんじゅうができます．こうしたことは，for文の本体中にもう一つのfor文を記述することで実現できます．

```
for (int i = 0; i < 2; i = i + 1) { // 縦に並んだ正方形を横に２つ並べる
  for (int j = 0; j < 3; j = j + 1) { // 正方形を縦に３つに並べる
    float x = 30 + 20 * i; // iが１つ変化するとxの値は２０変化する
    float y = 20 + 15 * j; // jが１つ変化するとyの値は１５変化する
    rect(x, y, 12, 12);
  }
}
```

ループの中にループを記述すること，そのループを何重にすることが可能です．このとき，これらは「多重ループ」と呼ばれます．ループの内側にあるプログラムほど実行回数が飛躍的に多くなるので，意識して効率的に書くことが大切になります．

第13章 配列：複数のデータを扱う

実用的なプログラムでは「数多くのデータが扱える」ということが要求されます．プログラマが個別のデータに個別の変数を割り当てて取り扱うのは容易なことではありません．ここでは，同じ型の変数を複数個一度に作って，それらに番号を振って管理する，「配列」という考え方を紹介します．配列とは，あらかじめ決められた数のデータを置く場所を用意し，その（連続した）場所のうち最初から何番目のものかということを，番号で指定できるようにしたものです．配列という考え方を用いると，大量のデータを整然と効率よく用いることができるようになります．

13.1 配列の基本

たとえば，5個のint型のデータを扱うときには，

```
int data0, data1, data2, data3, data4;
```

のように書くことをこれまで学んできました．この方法で，100人分のデータを扱うには，変数を100個宣言しなければなりません．このやり方では，単に文字を打ち込むことだけを考えても大きな手間がかかります．こういうときに，配列としてデータを一括して宣言することができます．

```
int [] data = new int[5];
```

このとき，プログラム中では，data[0], data[1], ..., data[4] という（番号が0から始まり4で終わる）5つのデータを一括して扱うことができます．データが最初から何番目かを示すこの番号を，英語では index，日本語では添字と呼びます．

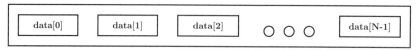

要素数 N の 配列 data[]　添字は 0 から始まり最後は N-1 となる

13.1.1 宣言方法

一つの配列によって扱えるデータの数を，配列の要素の個数と呼びます．配列を宣言する方法をさらに一般的に書くと，次のように宣言することも可能です．

データの型 [] 配列名 = new データの型 [配列の要素の個数];
また，別の宣言のしかたもあり，「[]」の部分を，配列名の後ろにおき，

データの型 配列名 [] = new データの型 [配列の要素の個数];
と書いても同様の解釈がなされます．

配列名が x，要素の数が N 個の場合，x[0] から x[N-1] までの N 個のデータを扱うことができるようになります．データの最初の添字は 1 ではなく 0 であることに注意してください．また同一の配列が扱うのは同一のデータ型をもつデータのみ（int 型なら int 型のみ）となります．

13.1.2 添字を用いた配列の参照

配列に含まれたデータの値を合計するプログラムを書いてみます．配列要素の参照・更新をする場合，（対象が何番目のデータであるかを示す）添字を指定するために，変数を使うことができます．以下のプログラムの配列要素参照前に，配列要素 data[0] から data[99] までのデータが入っているという前提であれば，以下のようなプログラムを書くことができます．

```
int [] data = new int[100];
int sum = 0, i;

/* ... 配列要素に値を設定するプログラムをここに置く ... */

for (i = 0; i < 100; i++) {
  sum = sum + data[i];
}
```

上のプログラムを見てすぐに，なにが行われているかを説明できれば，配列と繰り返しについての重要な部分は理解できています．配列に関しては http://www.processing.org/reference/Array に記述があります．

13.1.3 配列名がわかれば，配列の大きさがわかる

配列の大きさ（配列が持っている要素の個数）は，プログラムの途中で調べることが可能です．配列名が たとえば，data であれば，data.length の値は，その配列の大きさになっています．

13.1.4 配列の初期化

一つしか値を持たない変数の初期化については説明しましたが，配列には，一度に複数の値の初期化を行う方法があります．ここでは初期値としたい値を「,」で区切り，「{」と「}」で囲みます．次のように配列を宣言すると，data[0], data[1], ... に順に，5, 4, ... が代入されます．

```
int [] data = {5, 4, 3, 2, 1};
```

13.2 多重配列

配列は，データを置く場所が一塊に隙間なく並んでいて，一方から順に番号を振ることができる集合住宅のようなものです．番号はホテルの部屋番号のようなものだと考えてもよいかもしれませんが，ホテルであるとすれば，これまで学んだ配列は平屋のホテルでした．

配列を，平屋（1階建て）の長屋ではなく，なん階建てかのアパートのような構造と考えることもできます．この場合，i 号室として指定していたものを，j 階の i 号室として指定するようにします．このときは，すでに並んでいる配列の配列を扱っていると考えることもでき，これを2次元配列と呼びます．M 行 N 列として縦横に並んだ要素をもつ2次元配列 data を図式化すると以下のようなものになります．

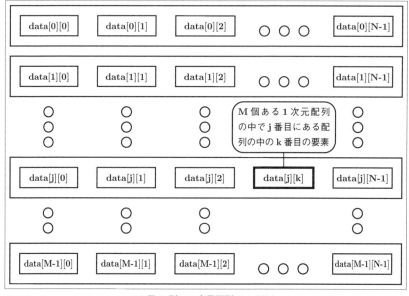

M 行 N 列の 2 次元配列 data[ ][ ]

アパートがなん棟も並んでいる団地のような世界で考えれば，k 棟の j 階，i 号室のような 3 つの添字による指定が可能で，3 重配列と呼ばれます．2 重以上の配列は「多重配列」と総称されます．

多重配列のプログラム例，二重ループのプログラム

100×100 の大きさの画面が与えられているとします．この画面の中の点 (x, y) から距離が r 未満の点だけグレイに着色するプログラムを以下に示します．配列 d[j][i] の中に，点 (i, j) と点 (x, y) の距離を計算して入れています．

```
float [][] d = new float[100][100];
int i, j, dx, dy, x = 40, y = 50, r = 20;

for (j = 0; j < 100; j = j + 1) {
  for (i = 0; i < 100; i = i + 1) {
    dx = i - x;
    dy = j - y;
    // d[j][i] には 点(i, j) と 点(x, y)との距離を代入しておく
    d[j][i] = sqrt(dx * dx + dy * dy); // sqrt() は平方根を求める関数です
  }
}

noStroke();
for (j = 0; j < 100; j = j + 1) {
  for (i = 0; i < 100; i = i + 1) { // i, j は ともに 0 から 9 9 まで変化
    if (d[j][i] < r) { // 点(i, j) の 点(x, y) からの距離により色を変更
      fill(128); // 距離が r 未満のときは灰色
    } else {
      fill(255); // 距離が r 以上のときは白色
    }
    rect(i, j, 1, 1); // (i,j)の位置に 1 ドット×1 ドットの正方形を描く
  }
}
```

第14章 テキストとファイル入出力

　プログラムの実行で得られた結果を保存し，再利用したいときは，それらをハードディスク上などに「ファイル」という形で保存するのが一般的です．この章では，ファイルにデータを書き出す方法，ファイルからデータを読み込む方法について述べます．

14.1　ファイルとは

　ハードディスクやUSBメモリなどにあるデータの集まりにユーザが名前をつけ，読み出し，書き換え，消去などの操作を行うことができます．ユーザによるデータの操作を可能にするため，ファイルを単位として，プログラムから，読み出し，書き込みを行う仕組みが提供されています．

14.1.1　ファイルの種類

　ファイルには，単純な文字の集まりで構成された**テキストファイル**と文字データに限らず，自由な形式のデータ (画像データなどがその例) に対応する**バイナリファイル**の2つがあります．

14.1.2　読み書きの対象となるファイルを置く場所

　テキストを含むデータの読み書きでは，Processing特有の制限があります．Processingのプログラムで読み書きするデータは，Processingのプログラムがあるディレクトリ（フォルダ）に`data`という名のサブフォルダをあらかじめ作り，そこにデータを置きます[1]．この章では，単純なテキストエディタで扱える（プレーン）テキストファイルを，プログラムから読み書きする方法を紹介します．

1　これは，「よそから持ってきたProcessingのプログラムを信用して実行したところ，自分のPC内の重要な情報を転送されてしまった」といったことを防ぐための仕組みです．

14.2 Stringクラスに関する予備知識

14.2.1 テキストを扱うためのStringクラス

クラスとは，厳密性を無視して言えば[2]，int型やfloat型のようにデータの種類が区別ができるデータ型の一種です．文字列データは，今まで関数textの中で表示していた2つの「"」で左右を囲まれた，「文字を順に並べたもの」です．Processingの中では文字列は，Stringクラスのデータとなり，Stringクラスの変数の値として扱うことができます．「案ずるより産むが易し」で，

```
String s = "Hello";
text(s, 20, 30);
```

などを実行してみてください．変数に入れた文字の列が，画面に表示できたことと思います．

注意してほしいのは，「Stringクラス」と「int型」，「float型」はまったく異なり，"123"というように書いたときは，これは123という数字ではなく，'1','2','3'という3つの文字が順番に並んでいる「文字列」を意味しており，四則演算などの計算の対象にはならないことです．"123"という文字列を用いて，足し算などをするためにはint("123")のように一度，Stringクラスからint型への型の変換を行う必要があります．

ポイント：Processingでは1行のテキストを扱うのに，「Stringクラスの変数」を使う．

14.2.2 Stringクラスのデータも配列として扱うことができる

Stringクラスにも，int型やfloat型あるいはboolean型と同じように配列が定義可能です．

```
String lines[] = {"Hello", "Good-bye"};
text(lines[0], 20, 30);
text(lines[1], 20, 50);
```

14.3 テキストの読み書き

14.3.1 テキストの読み込み

Processingでは，テキストファイルにある一つの行は，一つの文字列と考えます．テキストファ

---

[2] クラスについて，もう少し詳しく知りたい人は，オブジェクト指向という考え方を学ぶ必要があります．ファイルの読み書きをする程度のことであれば，Stringは「データ型」の一種だと考えても理解は可能です．

イルは，一般に複数の行から成り立っています．テキストデータをファイルから読み込んだり，ファイルに書き込んだりするため，String 型の配列を用意し複数行の読み書きに対応します．

```
String lines[];
```

まず上記のような宣言をすると，lines は String クラスのオブジェクトの配列として使われることがわかります．ここまで，理解すると，ファイルの読み込みはとても簡単です．次のプログラムをご覧ください（これは processing.org のサイトにある，loadStrings() の一部です）．

```
String lines[] = loadStrings("list.txt");
```

この操作だけで，list.txt というファイルが持っている複数行からなっているテキストファイルの文字列を一括で，String クラスの配列 lines に代入することができます．たとえば，以下のような内容のファイルを list.txt という名でテキストエディタで作ったとします．

```
apple
banana
cherry
grape
orange
```

このファイル[3]は，以下のプログラムで読み出し，その内容をウィンドウに表示することができます．

```
String lines[] = loadStrings("list.txt");

background(64);
for (int i = 0; i < 5; i = i + 1) {
  text(lines[i], 10, i * 15 + 10);
}
```

14.3.2 テキストの書き込み

当然のことながら，テキストファイルの書き込みも同様の考え方で実行可能です．というわけで，さきほど，例に挙げた，list.txt をテキストエディタによってではなく，たった2行の Processing のプログラムにより書き込んでみましょう．このプログラムは，積極的なウィンドウへの表示は行いません．書き込むデータは先ほど読んだものと少し変えてあります．プログラムの実行後 outlist.txt が作られたかどうかを探し出し，その内容を確認してみてください．

---

[3] Processing のプログラムが置かれているフォルダもしくはそのフォルダの中の data というフォルダに置く必要があることを忘れないでください．

```
String lines[] = {"Apple", "Banana", "Cherry", "Grape", "Orange"};  // データの準備
saveStrings("outlist.txt", lines);  // これだけで書き込みができます
```

14.4 ファイルデータからグラフを描く

14.4.1 テキストから数値へ

　ファイルから読み込んだ文字列は，そのまま数値としては扱えません．文字列には数値計算を行う演算子が用意されていないからです．計算したい場合には，計算の対象になる他のデータ型に変換を行います．

文字列を数値として扱うためには，以下のような変換が可能です．

```
String lines[] = {"1.6", "23", "56"};  // データの準備
int idata[] = new int[3];
float fdata[] = new float[3];

background(64);
for (int i = 0; i < lines.length; i = i + 1) {
  idata[i] = int(lines[i]);
  fdata[i] = float(lines[i]);

  text(idata[i]      ,  5, i * 30 + 15);  // converted as int
  text(fdata[i]      ,  5, i * 30 + 30);  // converted as float
  text(idata[i] /   2, 50, i * 30 + 15);  // divided as int
  text(fdata[i] / 2.0, 50, i * 30 + 30);  // divided as float
}
```

14.4.2 テキストファイルを読んでグラフを描く

　以下の例は，ファイルから読み込んだデータを，float 型のデータに変換し，棒グラフとして表示するものです（このままでは，ウィンドウの大きさから5つ程度のデータしか表示できません）．

```
String lines[] = loadStrings("data.txt");

for (int i = 0; i < lines.length; i = i + 1) {
  float data = float(lines[i]);
  rect(10, i * 15 + 15, data, 12);
}
```

第 15 章 関数

「関数」は，プログラミングを行う中で重要な役割を果たします．その用途は，大きな仕事を小さな仕事に分け「作業手順を再利用可能にする」こと，いわば「作業の整理整頓」です．小さなプログラムを作っているうちは，仕事を小分けして整理してゆくことの便利さがわからないため，初心者は，関数を無視しがちです．しかし，関数は大きなプログラムを書いたり管理したりするには必須です．

15.1 関数の使い方

15.1.1 関数とは

うどんは自分で作って食べることができます（これは楽しい）．しかし，自分で作るのが大変なときには，うどん屋さんに出前を頼むこともできます．出前を取るときは，細かい作り方を言わなくても，近所のお店に「きつねうどん 1 杯」と出前を注文すれば，「きつねうどん」を「1 杯」配達してくれます．「関数を呼ぶ」とはそういう，「仕事を外に頼む」仕組みのようなものです．頼まれたほうは，うどんの作り方を知っていて，きつねうどん 1 杯といわれると，うどん玉をゆでて，出汁にからめて，油揚げとねぎをのせるまでの一連の動作ののち，出来上がったものを届けます．

このとき，注文する側には「何を，いくつ」といった，注文のしかた（注文票の書き方みたいなもの）があり，注文された側には作って届けるまでの手順があります．プログラムの関数呼び出しも，同様に呼び出す側，呼び出される側が満たすべきことがあります．

15.1.2 既存の関数の呼び出し方

引数（ひきすう）

関数を呼び出すときは，関数の名前を書き，その後ろの括弧の中に引数を入れます．引数が複数あるときはカンマ (,) で区切ります．引数の値のデータ型は，関数定義のときに決めます．引数は，定数や変数だけでなく，値をもつ式として与えることもできます．$x + sin(x)$ のような別の関数を含

む f(10, x + sin(x)); のような記述をすることが可能です．関数に引数を渡す時，引数として渡される式（上の例では，10 や x + sin(x) の部分）は，関数に渡す前に，その値が計算され，その結果が関数に渡されます．プログラミング言語を扱う時，引数は，パラメータとも呼ばれます．

関数の値

関数という言葉は数学でも学びますが，数学の関数は $z = f(x, y)$ などと書いて，$f(,)$ に x, y などの値を与えると，関数の値を z として得ることができます．プログラミングにおいても，類似した考え方ができ，関数を呼び出したとき，関数が値を返し，その値を変数に代入するという使い方ができます．そのためには，後述の return 文を使い，どの値が返されるのかを明確に指示します．

15.1.3 関数を定義する方法

関数を定義するには，以下の例のように記述を行います．

```
int sum_int3(int p, int q, int r) {
  int sum;

  sum = p + q + r;
  return sum;
}
```

まず，ここでこの構文が，

関数が返す値のデータ型 関数名（引数の型と引数の名前の組み合わせ）{
 ... 必要な変数の宣言，関数が実行する処理の内容
 ... 関数が値を返す場合は return 文を，「return 式;」 という形で含む，あるいは
 ... 関数が値を返さない場合は return 文を，「return;」 という形で含む場合がある
}

という形式になっていることを確認します．上の例では，最初の int は関数が結果として返す値のデータ型です．変数に型があるのと同様に，関数でもどのような型のデータを返すかを宣言します．

返す値は，return のあとに書きます．「return p + q + r;」 のように return の後に式を書くこともできます．return 文を実行すると，その後ろにプログラムがあっても，それらを実行せず関数を終了します．グローバル変数の変更や，画面描き換えをすることが目的である場合等では，（数学の関数とは異なり）関数が返す値に意味がないことがあります．その場合，返す値がない関数を意味するものとして，関数の型 void と書きます．あとに示す関数の作成例でも void 型のものを示します．この場合，「return;」 という記述がある場合には，そこで関数の実行が終わります．「return;」 が書かれていない場合には，関数の記述がなくなるまで実行し，関数実行を終わります．

次にある `sum_int3` というのは関数の名前です．関数には変数名と同じ規則で名前をつけます．括弧の中にある `int p, int q, int r` の部分は引数の宣言です．引数の型と引数の変数名を空白で区切りながらペアで書きます．複数の引数を宣言するときはカンマ (,) で区切ります．ここで宣言されている引数には，関数を呼び出した側の式の値がコピーされて渡されます．「`sum_int3(2+3, 4-2, x+1);`」と関数を呼び出したとすれば，p, q にはそれぞれ 5, 2 が代入され，r には呼び出し側の x の値に応じた値（たとえば x が 10 なら 10+1 の計算結果である 11）が代入された状態で処理が始まります．それぞれの引数は，関数の本体の中では，変数と同様に扱うことができ，関数本体の中で，p, q, r に値を代入して書き換えることも可能です．

setup() も draw() も関数

画面を動かすために active mode のプログラムを作成するときに書いた `setup()` や `draw()` は関数だったのです．じつは，Processing の実行が始まると自動的に実行される別のプログラムがあり，そのプログラムが定期的に，`draw()` を呼び出す仕組みになっているのです．`draw()` を記述していたことは，引数の数が 0 の関数をいままで作っていたことになります．

関数と Processing のモード

Processing の中で関数を使うと，active mode と解釈されます．関数 `setup()` の中で `noLoop()` を呼んでおくことで active mode で何度も関数 `draw()` を 1 度だけ呼ぶようにします．

ローカル変数とグローバル変数に関する復習

```
int n = 5; // 関数の外で宣言，グローバル変数

int sumup(int x) {
  int n = 0; // 関数内で宣言，ローカル変数，ここではグローバル変数 n は隠される

  for (int i = 1; i <= x; i = i + 1) {
    n = n + i;
  }
  return n;
}

void setup() {
  noLoop(); // void draw() は一度だけしか呼ばないという指定
}

void draw() {
  println(n); // n の値 5 が表示される
  println(sumup(n)); // sumup の中で宣言された n が変化する
  println(n); // n の値 5 が表示される
```

```
20  }
```

「{」と「}」で囲まれた処理の中では，変数は必要に応じて宣言できます．この変数は，ローカル変数と呼ばれ，関数が呼ばれたときに割り当てられ，関数の呼び出しが終了したとき，その値は保持されなくなります．引数として宣言されている変数も同様です．関数の外でも変数をグローバル変数として宣言することができます．この変数は，関数の中でも利用することができます．ただし，関数内に同名のローカル変数とグローバル変数があるときは，ローカル変数が優先されます．

6 行目に int i が for 文の中で宣言されています．このような記述も可能で，この i は for 文の中だけで有効な変数となります．

15.2 関数の使用例

□（正方形）を並べたグラフを描く関数

以下のプログラムでは，決まった個数の正方形を横に並べて描く（一種のグラフを描く）関数 box_graph を 1 行目から 8 行目で定義しています．

この関数は 1 回呼び出されると一辺の長さ 3.0 に決められた正方形が n 個，横に並んだものが描かれます．正方形の並びの描画をどこに置くかは，グラフの左上端にあたる開始点を示す x, y 座標を関数の引数として与えることにより決定しています．1 行目の引数の宣言により，n, x, y の値は，この順に与えられます．並べる正方形の個数を与えます．2 行目で正方形の大きさを決め，4 行目から 7 行目で正方形を繰り返し n 個描きます．描かれる正方形は，最初に x, y で与えられますが，正方形を一つ描くごとに，size + 2.0 だけ x の値を増やします．

10 行目から 12 行目では，関数 draw() は 1 度だけ呼ばれるように設定しています．

関数を呼び出す部分は，関数 draw() に記述されています．15 行目では 4 つのデータが配列 data の初期値として設定されます．17 行目では，i の値を 0 から 1 ずつ増やしながら，データの個数だけ繰り返しを行うことが記述されます．18 行目では 1 回実行されるたびに，x 座標は常に 10 とし，y 座標は 8 ずつ増えるようにして，配列の要素を data[0], data[1], ... と変化させながら描かれる正方形の個数を与えます．

```
1  void box_graph(int n, float x, float y) {
2      float size = 3.0;
3
4      for (int i = 0; i < n; i = i + 1) {
```

```
5       rect(x, y, size, size);  // 正方形を描く
6       x = x + size + 2.0;  // 位置を右にずらす
7     }
8   }
9
10  void setup() {
11    noLoop();
12  }
13
14  void draw() {
15    int data[] = {5,3,4,2};
16
17    for(int i = 0; i < data.length; i = i + 1) {
18      box_graph(data[i], 10, 20 + i * 8);  // 1回呼び出すと横1列の正方形を描く
19    }
20  }
```

配列の合計を求める関数

　配列も引数として渡すことが可能です．配列名を引数として渡すときは一般の式を渡す場合と異なり，関数の中でその配列のすべての要素を参照できるほか，関数内での配列への代入が，もとの配列への代入として反映されます．

　ここでは，配列の要素すべての合計を求める関数を作ります．今回は関数の部分と呼び出し側を分けて記述してみます．

```
1   int sum_array(int[] a) {
2     int i, sum = 0;  // sum を 0 に初期化
3
4     for (i = 0; i < a.length; i++) {  // 配列 a の要素数，繰り返す
5       sum = sum + a[i];  // 配列 a の i 番目の要素を足し合わせてゆく
6     }
7     return sum;
8   }
```

　呼び出し側が，配列を引数として渡すときは配列名だけを書きます（引数として渡された配列の要素を，関数の中で書き換えた場合には，もとの配列の内容も変化しますが，このプログラムでは書き換えはしていません．一般の引数と異なり，関数の中で配列を書き換えるときは，呼び出し側の配列要素に影響を与える可能性のあることを意識する必要があります）．

　以下では2行目で配列を初期化し，5行目で関数の呼び出しを行っています．関数の値として，配列の要素すべての合計が加算されたものが返り，その値を x に代入しています．

```
1  int x;
2  int [] data = {1,2,3};
3
4    // x に data[0], .. , data[2]の合計が代入される
5    x = sum_array(data);
```

第16章 より詳しいProcessingの説明

Processing には，まだたくさんの機能があります．たとえば，キーボードからの入力を得たり，音声，動画，3Dグラフィックモデルを扱ったり，PDF文書を作るなど多彩です．また，オブジェクト指向という考え方で作られており，オブジェクト，インスタンス，クラスなどの概念に基づくさらに高度なプログラミング機能を提供しています．

授業の中では，そのような，さらに進んだ機能については，急いで学ぶことはしません．とりあえず，この小さな世界を理解することに時間を使ってください．ここで学び始めたことが自由に使えるようになったと感じた時点で，プログラミングにあたって強力な武器となる新しい考え方を学んでください．

16.1 単項演算子 ++ と --

16.1.1 単純な説明

変数の値を1ずつ増やしたり（インクリメント），減らしたり（デクリメント）したいときに使います．厳密な記述とはいえませんが，大まかに言うと，

- `x++;` や `++x;` と書くと `x = x + 1;` と書いたのとほぼ同じ意味に，
- `x--;` や `--x;` と書くと `x = x - 1;` と書いたのとほぼ同じ意味に，

なります．

```
for (int i = 0; i < 10; i++) {
  /* ... inside of the loop ... */
}
```

のように，制御変数の値を1ずつ増やす(減らす)ことを簡潔に記述する方法として使われます．

16.1.2 結果を代入するときの振る舞いの違い

変数の前に ++ や -- を置く書き方と後ろに書く書き方がありますが，これらには意味の違いがあります．変数の値を1ずつ増やしながら，それらの値を，他の変数に代入したい場合があるとします．このとき，1増やす前の値をもとに計算したい場合と，1増やした後の値をもとに計算をしたい場合

の 2 通りの可能性があります．それぞれについて解説をすると，

```
1  x = 5;
2  n = x++ + 10;
```

x++ を含む上のプログラムの意味は，
- x に 5 を代入
- x++ なので x を 1 増やす，x++ の値は増やす前の値 5 で，これに 10 を加えた 15 を n に代入

ということになります．

```
1  x = 5;
2  n = ++x + 10;
```

++x を含む上のプログラムの意味は，
- x に 5 を代入
- ++x なので x を 1 増やす，++x の値は増やしたあとの値 6 で，これに 10 を加えた 16 を n に代入

ということになります．++ や -- を変数の前につけるか後につけるかで，代入される値が変わるということがポイントです．

16.2　= 以外の代入演算子

他の人の書いたプログラムを見ることが多くなると，`i += n` のような記述を見かけることがあると思います．これは，`i = i + n` と書いたものと同じ意味で，変数 i の値を n だけ増やすという意味があります．Processing には，四則演算に対応する代入演算子があり，+=, -=, *=, /=, %= などを使うことができます．

```
1  for (int i = 0; i < 10; i += 2) {
2    /* ... inside of the loop ... */
3  }
```

のように使うと for 文のなかで i が 2 ずつ増加します．

16.3　キーボードからの入力を反映する

16.3.1　システム変数の利用

2 つのシステム変数を知るだけで，プログラムの実行中にキーボードからの入力があったかどうかを知り，その入力されたキーがなんだったのかを知ることができます．たとえば，関数 draw() の中でこれらの変数を参照することによりプログラムの振る舞いを変更することができます．

変数 keyPressed

キーがなにか押されたかどうかを判断するためのシステム変数．型は，`true` と `false` を値にもつ `boolean` 型．

変数 key

直前に押されたキーに対応する文字を調べることができます．以下のようなプログラムを書くと，キーボードでなにか特定のキーが押されたときの反応を記述することができます．

```
if (key == 'a') {
  .. キー a が押されたときここが実行される．
}
```

16.3.2 キーボード入力を扱う関数の利用

たとえば，関数 `draw()` の実行頻度が遅く設定されている場合には，システム変数をチェックするだけの方法だと，キーを連打したとき取りこぼしが起こります．キーが押されてすぐに確実な反応をしたいときは，`keyPressed()` メソッドを作成します．

関数 keyPressed()

この名前の関数を作成すると，キーが押さた直後に，その関数が実行されます．微妙な違いがありますが，ほぼ，同様な働きをする，`keyReleased()` という関数もあります．類似の関数は Processing のサイトの reference を見てください．以下のプログラムでは，f という文字に対応するキーを押すたびに，ウィンドウの背景色を赤系，緑系，青系の色に順に変化させます．フレームレートを遅くしてもキー入力の取りこぼしがありません．

```
int c = 0;

void keyPressed() {
  if (key == 'f') {
    c = ++c % 99; /* c を 1 ずつ増やす 9 9 になったら 0 に戻す */
  }
}

void setup() {
  frameRate(2);
}

void draw() {
  switch(c % 3) { /* カウンタの値を 3 で割った余りで背景色を決める */
```

```
15    case 0:
16      background(255, 128, 128);
17      break;
18    case 1:
19      background(128, 255, 128);
20      break;
21    case 2:
22    default:
23      background(128, 128, 255);
24      break;
25    }
26    text(c, 50, 50);
27  }
```

第17章 Processingと他言語の比較

　基本的には異なる言語なので違いを述べるのはナンセンスではあるのですが，CやJavaをこれから学ぶことになるため，学ぶときにまちがいやすいところを紹介します．言語の振る舞いに違いがあることを意識し「勘違いで悩むこと」のないようにするのが目的であり，違いの細部まで述べることはしません．

17.1　float型に対する演算 %

　CやJavaではfloat型には余りを求める演算は定義されていませんが，Processingにはこの演算が定義されています．float型とint型の変数の違いによる振る舞いの違いを小さくする効果があります．

17.2　配列の宣言

　大きさの決まった配列の宣言の書き方は，ProcessingはCやJavaで用いられているものと異なる構文（シンタックスといいます）を用います．特に，Processingではnewというキーワードを用いて配列をオブジェクトとして確保しますが，CやJavaではnewを使いません．

17.3　ファイル入出力

　Processingのファイル入出力は，初心者にもわかりやすくできていますが，CやJavaではもうすこし理解が難しくなっています．一般的な手順としては，ファイルを指定してからファイルハンドルというものを得てオープンし，読み書きののち，クローズするという手順を踏みます．

　これは，いつでも読み書きできることが保証されている自分専用のディレクトリにあるファイルの読み書きだけではなく，他のプログラムや，利用者のアカウントの異なるファイルを共有するというより，実用性を高くするため，自由度の高い環境への対応を前提にしているからです．

17.4　オブジェクト指向

　プログラミング言語には，手続き型言語とオブジェクト指向言語という異なるカテゴリがあります．オブジェクト指向型は，手続き型言語から発展したものと考えられますが，変数の管理の仕方や，関数の呼び出しが，より整理された形で記述できるようになっています．

　オブジェクト指向型のほうが，実用的なプログラムを書くときには役に立つ場面が多いのですが，単純なプログラムを作成するときには逆に，整理のための仕組みが邪魔に思えるようなときが多くなります（持ち物が少ないときは，机の上に並べておけばよいのですが，持ち物が多くなると棚や引き出しに入れて管理したほうが，多少の手間はかかっても結局効率的になるようなものです）．

　前置きが長くなったのですが，Processing は実はオブジェクト指向の言語です．ここでは C 言語への接続も考えて，手続き型のように紹介しました．C 言語は，少し古い手続き型の言語なので，C 言語でプログラムを書こうとしたとき，Processiong とは違うと感じるところが出てくるかもしれません．これからは，いろいろな言語でのプログラミングを勉強してみてください．

第18章 参考書・関連図書

18.1 Proccessing 言語関係の本

『Getting Started with Processing』
Casey Reas, Ben Fry 著, O'Reilly Media, 2010

開発者による Processing の入門書．わかりやすい本の一つです．日本語版も出ています（Processing をはじめよう，船田 巧 訳，オライリージャパン，2010）．

『デザイン言語 Processing 入門 楽しく学ぶコンピュテーショナルデザイン』
三井 和男 著, 森北出版, 2011

3分の1ぐらいが入門的な記述です．後半3分の2はアルゴリズミックに生成可能な図形の紹介です．これらは，シュミレーションで描くボールの動き，フラクタル図形を描く，繰り返して描く樹木の形，魔法陣とパターンデザイン，相互作用から生まれる貝殻の模様，セルオートマトンが作る迷路，反応と拡散が作る生物の模様，3D グラフィックスといったタイトルの章立てになっています．

『Built with Processing デザイン/アートのためのプログラミング入門』
前川 峻志, 田中 孝太郎 著, ビー・エヌ・エヌ新社, 2007

オリジナルが日本語で書かれた本です．内容はアート（芸術）指向で，表現をすることが中心となっています．

『ビジュアライジング・データ―Processing による情報視覚化手法』
Ben Fry 著, 増井 俊之 監訳, オライリージャパン 2008

データを Processing や Java を用いて可視化表現する技法について書かれています．Ben Fry は Processing の開発者の一人です．

『ジェネラティブ・アート―Processing による実践ガイド』
マット・ピアソン 著, 久保田 晃弘 監訳, ビー・エヌ・エヌ新社, 2012

ジェネラティブ・アートというのは「生成する芸術」というような意味で，プログラムを使ってさまざまな図形やアニメーションを生成する表現活動の一分野です．Processingを用いて，さまざまな表現活動を行っているアーティストがその手法を具体的に紹介しています．

18.2 他のプログラミング言語にかかわる解説書

『C言語によるプログラミング 基礎編 第2版』
内田 智史 監修，株式会社システム計画研究所 編，オーム社開発局，2001

「プログラミング基礎」の教科書です．網羅的に書かれているにもかかわらず，わかりやすいです．

『Beyond Interaction-メディアアートのためのopenFrameworksプログラミング入門』
田所 淳，比嘉 了，久保田 晃弘 著，ビー・エヌ・エヌ新社，2010

これは，Processingでは物足りなくなった人がC言語で使うための，openFrameworksというライブラリの紹介です．

18.3 プロトタイピング関連

『Making Things Talk – Arduinoでつくる「会話」するモノたち』
Tom Igoe 著，小林 茂 監訳，オライリージャパン，2008

Arduinoと呼ばれるオープンソースハードウェアがあります．これを使ってネット上で情報をやりとりしながら動作するシステムを作る方法を紹介しています．電子工作やラッピッドプロトタイピングなどに興味がある人向けです．

18.4 勉強のしかた

『大学生のための成功する勉強法-タイムマネジメントから論文作成まで』
Rob Barnes 著，畠山 雄二，秋田 カオリ訳，丸善，2008

高校までの勉強のしかたと大学からの勉強のしかたは違っていて，積極的な学び方をすることが必要だということが述べられています．はこだて未来大学の図書館にもおいてあります．最初のほうだけでも読んでみることを勧めます．

『風姿花伝』
世阿弥 著，野上豊一郎，西尾 実 校訂，岩波文庫，1958

能楽の本ですが，演劇について詳しく知らなくとも読めると思います．演劇を学ぶための心得のようなものが，工夫をこらし，さまざまな角度から具体性をもって述べられています．この本は作者が自分の会得したことを，後継者につたえるための覚え書きで，500年にわたって秘伝とされていたものです．己の求めるべきものを知り，それについて学び，工夫をこらし発展させるということがどういうことかを教えてくれるように思われます．

第 IV 部

ワークブック

第19章 ワークブックについて

ワークブックの目的

　プログラミングは，基本的に，問題を解決する手段として行うものです．具体的な問題がないときにはプログラムを書き始めることもできません．そこで，ワークブックにより，理解度にあわせて実際にプログラム作成を体験できる問題を提供します．プログラムに必要な技術の確認を行うタイプの問題も用意しました．

　問題作成の方針として，場合によっては決定的な正解がないというタイプの問題も含めることにしました．これは，問題を解くことを目標としてプログラムを作るのではなく，楽しみながら，自分が行っていることの意味を考えながらプログラムを作るということを体験していただくためです．初級のプログラミングですから，単純な問題もあります．そんな比較的単純な構文を覚えたあとには，まっすぐに，答えを見出してプログラムするというのではなく，じっくりと考えて，楽しみながら「いきつ，もどりつ」し，わかりやすく，いつでも人に説明できるプログラムを作成するように心がけていただきたいと願っています．

ワークブックの使い方

　達成度を評価するための課題として用いますが，授業の課題としては必要と考えられる以上の問題数を用意しています．これらの問題は，Processing を通じてプログラミングの考え方を学ぶためのきっかけとして用意したものです．授業の中で課題を解くことを要求されていなくても，興味をもった問題は積極的に解いてください．

本ワークブックの問題の「解」について

　このワークブックの問題の多くは，Processing のもつさまざまな機能を使ってみるきっかけとなることを念頭に作られており，多くは，難しいものではありません．解答例，正解例は用意していません．解答例があると，それを見て正解として単に覚えようとしてしまう人が多いからです．

　Processing を通じたプログラミングの学びの中で，本当に役に立つことは，この課題の解答とし

てのプログラムが提出できることではありません．課題を解くことを通して，解を見つけるためにはどこにヒントがあるか，どのように考えるべきかを見つける，わからないことをわかるようになるために，「あちこち，さまようような経験」をすることなのです．プログラミングにおいて「解を見出す」という過程があり，結果を得るためにさまざまな方法があることを学んでもらうのが，本ワークブックの大きな狙いでもあります（解答のページを見てそれを正解として覚えるようなことをしたら，そういうプログラミングの能力が得られないままになってしまいます）．

　正解例がないなら，自分の解が「正解かどうかわからないではないか」と思う人もあるかもしれません．しかし，プログラミングの課題に対しては，プログラムを実際に作り動作させることで，正解であることの確認（答え合わせ）ができます．

第 20 章 プログラミング課題 基礎編

Processing における表示に関する問題

問題 1.1 井桁

縦 20 横 80 の長方形 2 つ，縦 80 横 20 の長方形 2 つを用いて以下の例に示したような形をウィンドウ上に表示してください．厳密な座標値は指定しません．自分で決定してください．

問題 1.2 十字を描く

縦 20 横 60 の長方形と縦 60 横 20 の長方形を用いて以下の例に示したような形をウィンドウ上に表示してください．厳密な座標値は指定しません．自分で決定してください．

| 問題 1.3 | 日本の国旗

「国旗および国歌に関する法律」によると
 1. 旗の縦は横の 3 分の 2
 2. 日章の直径は縦の 5 分の 3
 3. 日章は旗の中心
 4. 日章の色は紅色

とされています．カラーコードまでは法律に記載されていませんので，今回は JIS 規格に従って紅色の RGB のパラメータを (222,0,63) とします．幅 300, 高さ 200 のウィンドウいっぱいに，日章旗を表示するプログラムを書いてください（数行で記述可能）．

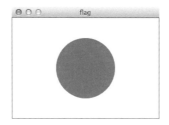

| 問題 1.4 | テキスト表示

自分の氏名をウィンドウに表示するプログラムを書いてください．大きさの指定，場所の指定，色の指定はありませんが，わかりやすく読みやすいことを必須要件とします（日本語の文字によっては表示ができない場合もあります．そのときはアルファベットでもかまいません）．

| 問題 1.5 | 枠をつける，枠を消す

図形の枠の色を指定するためのコマンドと図形の枠を表示しないようにするためのコマンドはなにか答えてください．それぞれの，左上の座標を (10, 10), (60, 10), (10, 60), (60, 60) として，枠つきあるいは枠無しの一辺 30 の正方形を下図のように配置するプログラムを書いてください．

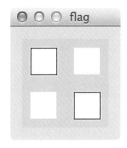

問題 1.6　階段型図形

下図のような 5 段の階段状の図形をウィンドウ内に表示してください．長方形の高さは 12 としますが，幅や，位置の指定はしません．自分の判断で決めてください（多少のずれは，容認します）．

問題 1.7　半透明

半透明の表示をするための指定方法について調べ，指定の方法とパラメータの意味を簡単に述べてください．その方法を用いて，異なる 3 つの色の図形（円でも長方形でも可）を重ね合わせ，7 色（背景色を入れると 8 色）の表示をを行うようにしてください．

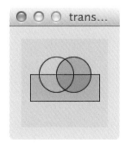

問題 1.8　システム変数

width, height というシステム変数は幅，高さを意味する英語名ですが，なにの幅，高さ表すものなのかを答えてください．さらにこのシステム変数はどのようなときに用いるのか簡単に述べてください．

問題 1.9　システム変数 (active mode に関する知識が必要)

keyPressed, key, keyCode というシステム変数はなにを表す値なのか，それぞれ 1 行から 2 行程度で述べてください．

計算に関する問題

問題 1.10　演算の実行　その 1

次のプログラムの実行結果を予想した上で，プログラムを実行してください．予想した結果と違っていたら，まちがえた理由を突き止め，まちがえた状況とその原因を合わせて報告してください．

```
text(2.0 * 3.5 - 7.0, 10, 40);
```

問題 1.11　演算の実行　その 2

次のプログラムの実行結果を予想した上で，プログラムを実行してください．予想した結果と違っていたら，まちがえた理由を突き止め，まちがえた状況とその原因を合わせて報告してください．

```
text(2.0 - 3.5 * 7.0, 10, 40);
```

問題 1.12　演算の実行　その 3

次のプログラムの実行結果を予想した上で，プログラムを実行してください．予想した結果と違っていたら，まちがえた理由を突き止め，まちがえた状況とその原因を合わせて報告してください．

```
text(2 / 3, 10, 40);
```

問題 1.13　演算の実行　その 4

次のプログラムの実行結果を予想した上で，プログラムを実行してください．予想した結果と違っていたら，まちがえた理由を突き止め，まちがえた状況とその原因を合わせて報告してください．

```
text(2.0 / 3, 10, 40);
```

問題 1.14 　　平方根

$\sqrt{5}$ および $\sqrt{7}$ の値を，Processing で標準的に用意されている平方根を求める関数を用いて計算し，数値として次の図のように画面上に表示してください．これらの数値の画面上の配置は適宜定めてください．

変数に関する問題

問題 1.15 　　変数名の制限

変数名を選ぶときには制限があります．以下の変数名は，Processing で用いることができるものか否かを判断し，用いることができないものについては，何が問題なのかを説明してください．

問 1 　　　float float5;
問 2 　　　int fifth_week;
問 3 　　　int areYouHappy?;
問 4 　　　int happy-birthday;
問 5 　　　float 2ndProblem;
問 6 　　　int switch;
問 7 　　　int adress@mail;
問 8 　　　float fun.ac.jp;

問題 1.16 　　変数への代入

以下のプログラムを実行したとき，変数の値がどのように変化するかを，プログラムの実行に従って

記述してください（値が未定なものは，値として「未定」と書いてください）．

```
int i, j, m, n;
/* Step 1 */
i = 10;
j = 25;
/* Step 2 */
m = i * 2 + j;
/* Step 3 */
n = i + j * 2;
/* Step 4 */
n = n + 100;
/* Step 5 */
```

以下では，プログラムの実行が，Step 1, 2, 3, 4, 5 のコメントの場所までなされたとして，その時点での変数の値を記述してください．

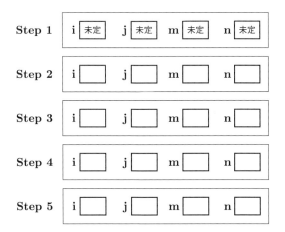

問題 1.17　数を示すデータ型の役割

Processing 言語において，数を表す2つのデータ型の名前を挙げてください．それぞれの違いが明確になるように気をつけて，それぞれの型について1〜2行程度で説明してください．

問題 1.18　変数の値を増やす

代入演算子「=」を用いて，int 型の変数 a の値をちょうど1増やすためのプログラムを書いてください．変数 a はすでに宣言されているものと考えてください．

問題 1.19 値の入れ替え

int 型の 2 つの変数 a と変数 b にそれぞれ異なる値（たとえば 9 と 133）が入っているものとします．a の値と，b の値を入れ替えるプログラムを作成してください（結果として a に 133 が入り，b に 9 が入る）．このとき，int 型の整数 c を用いてもよいものとします．

変数に関する上級問題

問題 1.20 変数への代入

以下はプログラムの一部であり，m, n は整数型の変数であるとします．プログラムの以下の部分が実行される直前に，m, n に入っている値が，それぞれ a, b という値だと仮定しましょう．

```
1  m = m - n;
2  /* Step 1 */
3  n = m + n;
4  /* Step 2 */
```

Step 1 における，m, n の値を a, b で表すと，それぞれ a - b, b となります．3 行目を実行のあと，Step 2 における n の値を a あるいは b を用いて表してください．

問題 1.21 値の入れ替え（一つ前の問題がヒントです）

int 型の 2 つの変数 m と変数 n に異なる値が入っているとします．m の値と，n の値を入れ替えるプログラムを作成してください．このとき，int 型の別の変数を新たに作成しないものとします．

問題 1.22 変数の役割

「変数名」と「メモリ上の記憶域」という言葉を用いて，「変数の代入」で何が起こるのかを説明してください．

ActiveMode の利用

問題 1.23 アニメーション入門

以下は長方形が動いているように見えるようにするプログラムです．このプログラムを自分の環境で実行したうえで，以下の問いに答えてください．

1. 「% 100」という余りを求める計算は，表示においてどのような働きをしているのか，2 行か

ら3行程度で答えてください．

2. 長方形の左右の移動方向を逆にするには，プログラムのどの部分をどのように変化させればよいか，答えてください．

```
1  float x = 0.0;
2  float y = 0.0;
3
4  void setup(){
5    noStroke();
6    fill(0,255,255,128);
7  }
8
9  void draw() {
10   x = (x + 0.2) % 100;
11   y = (y + 0.3) % 100;
12
13   background(255,0,255,128);
14   rect(x, y, 10, 10);
15 }
```

条件分岐に関する問題

問題 1.24　　2の倍数

int 型の変数 n の値が 2 の倍数であるときのみ，true になる（それ以外の場合は false となる）条件式を作成してください．

問題 1.25　　3の倍数

int 型の変数 n の値が 3 の倍数であるときのみ，true になる（それ以外の場合は false となる）条件式を作成してください．

問題 1.26　　5の倍数ではない条件

int 型の変数 n の値が 5 の倍数でない場合のみ，true になる（それ以外の場合は false となる）条件式を作成してください．

問題 1.27　　3の倍数でもなく，5の倍数でもないという条件

int 型の変数 n の値が 3 の倍数でもなく，5 の倍数でもない場合のみ，true になる（それ以外の場

合は false となる）条件式を作成してください．

問題 1.28　　3 を含む数

int 型の変数 n の値として 1000 未満の正の値を与えるものとします．この変数が与えられたとき，その値は 3 桁以下の整数となりますが，この値の百の位，十の位，一の位のどこか 1 桁にでも 3 があれば，int 型の変数 m の値が 1 になり，さもなければ 0 となるようなプログラムを下のプログラムに記述を加えることにより作成してください．

```
int m, n;

m = 0;
n = 532; /* この値は１から９９９までの任意の整数，今は５３２を入れてみた */

if (n % 10 == 3) {
  m = 1;
}
n = n / 10;
...
```

問題 1.29　　試験の点数による合否の判断

int 型の変数 math, engl にそれぞれ，数学，英語の試験の成績がすでに代入されているものとします．「数学と英語の点数の合計が 150 点を超える場合，あるいは，数学か英語のどちらかの点数が 80 点を超える場合に合格となる試験」があるとして，この試験に合格であった場合のみ true になり，それ以外は false となる条件式を，変数 math, engl を用いて作ってください．

問題 1.30　　4 つに場合分けする

int 型の変数 mark の値を，ある試験の成績とします．mark の値は代入によって，プログラム中ですでに与えられるものとします．このとき，以下の表に従って，A, B, C, D をのどれかの記号を関数 text() を用いて画面中央付近に表示するプログラムを作成してください．

mark の値の範囲	表示内容
mark の値が 80 以上	A を表示
mark の値が 70 以上 80 未満	B を表示
mark の値が 60 以上 70 未満	C を表示
mark の値が 60 未満	D を表示

問題 1.31　バス料金

int 型の変数 distance の値を，バス停間の距離（メートル）とし，int 型の変数 fee の値を，バス代（円）とします．プログラムの中で，変数 distance に距離を与えたとき，以下の表に従って，fee の値を画面に表示するプログラムを作成してください．

distance の値の範囲	表示すべき fee の値
distance の値が 2000 以下の場合	200 を表示
distance の値が 2000 超え 2100 以下のとき	210 を表示
distance の値が 2100 を超え 2200 以下のとき	220 を表示
以後 distance の値が 100 増えるたびに	fee の表示が 10 増える

第21章 プログラミング課題 中級編

while文

問題 2.1　while文 基礎の基礎

以下のプログラムの中で，xへの代入はなん回行われるかを答えてください．また，その代入が行われることによってxの値は，どのように変化するでしょうか．1, 2, 3のようにカンマ (,) で区切って変化するxの値を，順にすべて書き出してください．

```
int i, x;

i = 5;
while (i > 0) {
  x = i;
  i--;
}
```

問題 2.2　while文を構成する

以下のプログラムの中で，代入されたxの値が，順に，
1, 2, 3, 4, 5
と変化するように，while文の直後の () 内の記述ならびに，ループ内の x = i; の次の行を構成してください．

```
int i, x;

i = 1;
while (    ) { // 条件式を補う
  x = i;
            // この行に必要な記述を補う
}
```

問題 2.3　while 文を構成する

以下のプログラムの中で，代入された x の値が，順に，
9, 7, 5, 3, 1
と変化するように，while 文の直後の () 内の記述ならびに，ループ内の x = i; の次の行を構成してください．このとき，変数 x，および変数 i に起こる値の変化を発生順に「i の値が ○ になる」→「x の値が □ になる」→ ... のように記述してください．

```
1  int i, x;
2
3  i = 9;
4  while (     ) { // 条件式を補う
5    x = i;
6                  // この行に必要な記述を補う
7  }
```

問題 2.4　while 文を構成する

以下のプログラムの中で，代入された x の値が，順に，
32, 16, 8, 4, 2
と変化するように，while 文の直後の () 内の記述ならびに，ループ内の x = i; の次の行を構成してください．

```
1  int i, x;
2
3  i = 32;
4  while (     ) { // 条件式を補う
5    x = i;
6                  // この行に必要な記述を補う
7  }
```

問題 2.5　3 を含む数

int 型の変数 n に任意の正整数が与えられているとします．3100 や 431 などのように，変数 n の 10 進数表示のどこかの桁に 3 があるとき int 型の変数 m の値が 1 になり，さもなければ m の値が 0 となるようなプログラムを，while 文を用いることによって作成してください．

条件分岐のところの同名の問題が，ヒントとなります．本問題では桁数は 3 桁以下とは限らないことに注意してください．

for 文

問題 2.6　for 文 基礎の基礎

以下のプログラムの中で，x への代入はなん回行われるかを答えてください．また，その代入が行われることによって x の値は，どのように変化しますか．1, 2, 3 のようにカンマ (,) で区切って変化する x の値を，順にすべて書き出してください．

```
int i, x;

for (i = 0; i < 5; i = i + 1) {
  x = i;
}
```

問題 2.7　for 文 基礎

以下のプログラムの中で，x への代入はなん回行われるかを答えてください．また，その代入が行われることによって x の値は，どのように変化しますか．1, 2, 3 のようにカンマ (,) で区切って変化する x の値を，順にすべて書き出してください．

```
int i, x;

for (i = 5; i < 11; i = i + 2) {
  x = i + 1;
}
```

問題 2.8　for 文を構成する

以下のプログラムの中で，代入された x の値が，順に，

1, 2, 3, 4, 5

と変化するように，for 文の直後の () 内の記述を構成してください．

```
int i, x;

for (   ;    ;    ) { // ( ) の中を完成させる
  x = i;
}
```

問題 2.9　for 文を構成する

以下のプログラムの中で，代入された x の値が，順に，
1, 3, 5, 7, 9
と変化するように，for 文の直後の () 内の記述を構成してください．

```
1  int i, x;
2
3  for (    ;    ;    ) {   // ( ) の中を完成させる
4      x = i;
5  }
```

問題 2.10　for 文を構成する

以下のプログラムの中で，代入された x の値が，順に，
53, 63, 73, 83, 93
と 10 ずつ増加して変化するように，for 文の直後の () 内の記述を構成してください．

```
1  int i, x;
2
3  for (    ;    ;    ) {   // ( ) の中を完成させる
4      x = i;
5  }
```

問題 2.11　for 文を構成する

以下のプログラムの中で，代入された x の値が，順に，
1, 2, 4, 8, 16, 32, 64
と変化するように，for 文の直後の () 内の記述を構成してください．

```
1  int i, x;
2
3  for (    ;    ;    ) {   // ( ) の中を完成させる
4      x = i;
5  }
```

問題 2.12　for 文を構成する

以下のプログラムの中で，代入された y の値が，順に，
20, 40, 60, 80
と変化するように，for 文のループ内部の「y =」の右辺の記述を構成してください．

```
int i, y;

for ( i = 0; i < 4 ; i = i + 1) {
  y =       ;  // 「y =」の右辺に記述を補う
}
```

問題 2.13   for 文を用いて合計を算出

以下のプログラムの実行後，sum の値が 1 から 10 までの和になるように，for 文の直後の () 内の記述を追加し，for 文のループ内部の「sum =」の右辺の記述を構成してください．

```
int i, sum = 0;

for ( i = 1; i <   ; i =    ) {      // 記述を補う
  sum =        ;                     // 記述を補う
}
```

問題 2.14   斜線で埋める

以下のプログラムの空白（1 カ所）を補うことにより，上の図のように，ウィンドウに斜線を引くプログラムを完成させてください（ヒント：ウィンドウより外側に引いた線は見えなくなることを考慮して，ここでは，見えない部分にまではみ出す線を引く関数 line の呼び出しを行っています．ウィンドウの大きさを，縦 200 横 200 にしてみるとなにが起こっているかわかります）．

```
int i;

for (i = 10; i < 200; i = i + 10) {
  line(    , 0, 0, i);  // 一カ所の空白を補う
}
```

問題 2.15　網を描く（難易度は高いです）

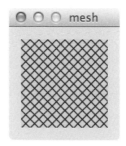

以下のプログラムの空白を補うことにより，上の図のように，ウィンドウに網線を引くプログラムを完成させてください（ヒント：「斜線で埋める」の発展問題です）．

```
int i;

for (i = 10; i < 200; i = i + 10) {
  line(    ,    ,    , i);
  line(    , 0, i,    );
}
```

問題 2.16　階段型図形

下図のような階段型の図形を for 文を有効に用いて作成してください．長方形の大きさ，位置は特に指定しません．自分の判断で決めてください．多少のずれは，許容します．

問題 2.17　正方形を縦横に並べる

以下のプログラムの空白部分を補うことにより，上の図のように，正方形を横に 8 個ずつ縦に 6 列並べるプログラムを作ってください．正方形の全体の配置の位置の詳細指定はないものとします．

```
int i, j;

for (i = 10; i < 90; i = i + 10) {
  for (j = 10; j < 70; j = j + 10) {
    rect(    ,    ,  8,  8); // 空白部分に記述を補う
  }
}
```

問題 2.18　カレンダーをつくる

以下のプログラムはある月のひと月分のカレンダーの表示プログラムです．このプログラムを書き換えて，今年の 2 月のカレンダーを作成してください．

```
int x, y;
int i, j;
int d, d0;

d0 = -4;
```

```
6   size(200, 150);
7   for (j = 0; j < 6; j = j + 1) {
8     y = j * 20 + 20;
9     for (i = 0; i < 7; i = i + 1) {
10      x = i * 20 + 10;
11      d = i + j * 7 + d0;
12
13      if (d > 0 && d <= 31) {
14        text(d , x, y);
15      }
16    }
17  }
```

問題 2.19   正弦関数のグラフを描く

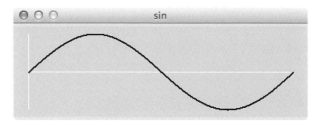

以下のプログラムの while ループ内を補うことにより，上図のように 1° を 1 目盛りとして，正弦関数 (sin 関数) の値を描くプログラムを作ってください．Processing の座標系の特性を考えて，上下方向の表示は符号を逆転させています．

```
1   float deg = 0.0;
2   float rad = 0.0;
3
4   size(400, 120);
5
6   stroke(255);
7   line(20, 60, 380, 60);
8   line(20, 10, 20, 110);
9
10  stroke(0);
11  while(rad < TWO_PI) {
12    rect(        , -sin(rad) * 50 + 60, 1, 1);  // 記述を補う
13    deg +=                                       // 記述を補う
14    rad = radians(deg);
15  }
```

配列

問題 2.20 配列の大きさ

以下のプログラムのように配列 (data) が宣言されている場合を考えます．この配列の大きさを得て int 型の変数 x に代入するための代入文を記述してください（この場合は，配列の大きさを数えることにより 5 だとわかりますが，要素の数が多くて簡単に数えにくいような場合にも使える方法を要求しています）．

```
int x;
int data[] = {10, 20, 30, 40, 50};

x =           ;  // 配列の大きさを代入する方法を記述，x = 5; でない方法を用いる
```

問題 2.21 配列の要素の値の総和

以下のプログラムの実行後，sum の値が配列の要素の総和になるように，for 文の直後の () 内の記述を追加し，for 文のループ内部の「sum =」の右辺の記述を構成してください．

```
int i;
int sum = 0;
int data[] = {1, 20, 300, 4000, 50000};

for ( i = 0; i <      ; i = i + 1 ) {  // この部分の記述を補う
    sum =         ;                     // この部分の記述を補う
}
```

問題 2.22 配列中の要素に値を代入する

プログラム中の配列 data の i 番目の要素の値として，i の 2 乗を代入することを，この配列のすべての要素に対して行うためのプログラムを完成させてください（ここでは，i の値は 0 から 99 まで変化するものとします）．

```
int i;
int data[] = new int[100];

for (    ;    ;    ) {  // この部分の記述を補う
    data[i] =     ;      // この部分の記述を補う
}
```

|問題 2.23|　　　配列の要素の値を棒グラフとして表示する

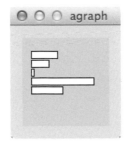

以下は配列 data の値（30, 20, 3, 72, 36）を横幅で表した（上に示した）グラフを表示する（一部が未完成の）プログラムです．空白と思われる部分を埋めることによってプログラムを完成させてください．棒グラフの位置の多少のずれは許容されます．

```
int i, y;
int data[] = {30, 20, 3, 72, 36};

for ( i = 0; i < 5; i = i + 1 ) {
  y =     ;              // この部分の記述を補う
  rect(10, y,    , 8);   // この部分の記述を補う
}
```

第22章 プログラミング課題 応用編

想定外の入力

問題 3.1　長方形の大きさ，負の値

ウィンドウの中に，長方形を描くプログラムを書いたとします．このとき，長方形の大きさとして負の値を与えたら，どのようなことが起こると思いますか．実際に入力する値を決め，実行結果を予想したあとで試してみてください．予想したことと，試してみた結果を詳しく報告してください．

問題 3.2　ウィンドウの大きさ，小数値

ウィンドウのサイズとして，0.01 のように小数点以下の値を用いたら，どのようなことが起こると思いますか．実際に，入力する値を決め，実行結果を予想したあとで試してみてください．予想したことと，試してみた結果を詳しく報告してください．

問題 3.3　ウィンドウの大きさ，負の値

ウィンドウのサイズとして負の値を用いたら，どのようなことが起こると思いますか．実際に，入力する値を決め，試してみてください．予想したことと，試してみた結果を詳しく報告してください．

システム変数など

問題 3.4　十字カーソル

次に示すような十字線の交点がつねにマウスポインタの位置にくるようなプログラムで以下の2条件を満たすものを，関数 `draw()` の内部を3行で定義することにより作成してください．

条件1：システム変数である `width`, `height`, `mouseX`, `mouseY`，および，定数，`background()`, `line()` のみを用いること．

条件2：ウィンドウの大きさが，`setup()` で再定義され，100以外に設定されているとしても，それらの値にかかわらず安定に動作すること．

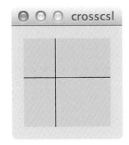

問題 3.5　マウスとの位置関係で色を変える正方形

画面の中央に一辺 50 の大きさの正方形を置き，マウスがその正方形の上にあるときはその正方形を緑で，さもなければ白で表示するプログラムを作成してください．

ヒント：if 文を用いて，マウスが正方形の中にあるかどうかをチェックします．

問題 3.6　画面の更新頻度の設定

Processing の active mode において `draw()` の呼び出しは，何も設定しない場合は 1 秒に 60 回起こります．これを 1 秒に 30 回に変更するときに呼び出すべき関数と，その関数に与えるべき引数はどのようなものか，説明してください．

図形の衝突

問題 3.7　数直線上の重なり

数直線上の区間を考えます．ここで区間とは，下端と上端があり，その間にある値をすべて含むものとします．たとえば，3 から 5 までの区間といえば，3 以上 5 以下の値すべてのことを言うものとします．上端を A，下端を B（もちろん $A \geq B$）とする区間 X と，上端を C，下端を D（もちろん $C \geq D$）とする区間 Y があったとするとき，区間 X と区間 Y が重なっているときだけ，true になる条件式を，A,B,C,D を定数として用いて示してください．

ヒント：問題を言い換えてみます．「3 から 6 までの実数の集合」と「4 から 7 までの実数の集合」は共通部分を持ちますかと聞かれると，簡単にイエスと答えられると思います．では，「A から B まで」と「C から D まで」は共通の値を持ちますかと聞かれたらどのように答えればよいか考えてみると，A,B,C,D の大小関係について場合分けしてみる（わかりにくければ絵に描いてみる）のが良いと思われます．

問題 3.8　長方形と長方形の重なりの判断

ある Processing のプログラムの中で2つの長方形を用いています．長方形 X の左上の座標が (ax, ay) で右下の座標が (bx, by)，長方形 Y の左上の座標が (cx, cy) で右下の座標が (dx, dy)，であったとします．このとき，長方形 X,Y が重なっているときだけその値が true となり，それ以外は false となる条件式を書いてくだい．

問題 3.9　ゲームの拡張

サンプルプログラムとして紹介された pingpong のプログラムで，ラリーが何回続いたかに関する最高スコア (ハイスコア) を，現在のラリーの回数の右横に表示するプログラムを次の方法で作成してください．int 型の変数 h_score を初期値 0 として宣言します．また，変数 count を宣言するものとします．このとき，拡張のために書き換えた部分だけを示してください．

ファイル入出力

問題 3.10　データの出力

第1行目に自分のローマ字氏名を，第2行目に自分の学籍番号を，(Processing のプログラムが存在するフォルダの中の) name.txt という名前のファイルに書き出すプログラムを作成してください．

問題 3.11　ファイル中のデータの計算

下記の例のように，numbers.txt というファイルの中に，5個の整数が，テキスト形式で5行分のデータとして存在するものとします．

```
1  234
2  -34
3  100
4  0
5  50
```

これらのデータを読み込み，それらの整数値の合計をウィンドウに text() を用いて表示するプログラムを，以下の3ヶ所の「...」の部分を書き換えることにより，作成してください．

```
1  int data;
2  int sum = 0;
3
4  String lines[] ... // ... 部分を書き換える
```

```
 5
 6  for (int i = 0; i < lines.length; i = i + 1) {
 7    data = ...;         // ... 部分を書き換える
 8    ...                 // ... 部分を書き換える
 9  }
10
11  text(sum, 30, 40);
```

関数の定義

問題 3.12 　　2 点間の距離の計算

2 点の座標 $(x1, y1)$, $(x2, y2)$ が 4 つの float 型の値 x1, y1, x2, y2 として与えられたとき，その 2 点間の距離を，$\sqrt{(x1-x2)^2 + (y1-y2)^2}$ として，計算して返す関数 float distance(float x1, float y1, float x2, float y2) を定義してください．

問題 3.13 　　間に挟まれた数

3 つの整数 a, b, c が与えられたとき，$a < c < b$ の関係が成立するときのみ true を返し，それ以外のときは false を返す関数，boolean in_between(int a, int b, int c) を定義してください．

問題 3.14 　　配列の要素の平均値

float data[] = {10.0, 52.3, 60.5} のような（要素数 1 以上の）配列が存在するとき，すべての要素の平均値を算出する関数，float average(float [] d) を定義してください．

問題 3.15 　　配列の要素の最大値

float data[] = {10.0, 52.3, 60.5} のような（要素数 1 以上の）配列が存在するとき，すべての要素の最大値を算出する関数，float arrayMax(float [] d) を定義してください．

問題 3.16 　　2 科目の成績のグラフ

英語，数学の成績がそれぞれ 50 点満点として与えられるとき，個人ごとの成績を，それぞれの点数と合計を示す横長のグラフで表示するための関数を，以下の要件を満たすように定義してください．

関数の返り値はないものとします．関数名は graph，引数はグラフの左上の点の x 座標，y 座標を float 型で，英語の点，数学の点を int 型でこの順に与えるものとします．

グラフの形状は，以下の通り．英語の成績は左側に赤で，数学の成績は英語の成績の右側に間隔を置かずに青で表示を行い，グラフの高さは 8 ピクセルとします．

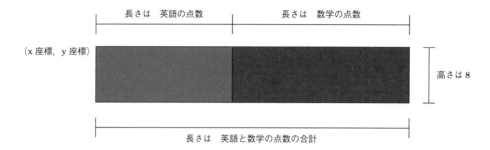

索引

記号・英字

\> ··································· 68
< ··································· 68
<= ·································· 68
!= ·································· 68
\>= ·································· 68
== ·································· 68
++ ·································· 95
-- ·································· 95
active mode ························ 62
background() ······················· 52
boolean ···························· 66
break ······························ 70
C（言語の紹介）····················· 42
case ······························· 70
data フォルダ（ディレクトリ）······· 84
draw() ····························· 62
else ······························· 67
false ······························ 66
fill() ·························· 49, 50, 54
float ······························ 59
for 文 ····························· 74
frameRate() ························ 64
if 文 ······························ 66
index ······························ 80
int ··························· 58, 59
Java（言語の紹介）·················· 41
key ································ 96
keyPressed() ······················· 96
line() ····························· 48
loadStrings() ······················ 86
mouseX ····························· 61
mouseY ····························· 61
nesting ···························· 70
noStroke() ························· 50
println() ·························· 51
Processing（開発環境）·············· 44
Processing（言語の紹介）············ 41
Processing（ダウンロード）·········· 45
rect() ····························· 47
return 文 ·························· 89
saveStrings() ······················ 86
setup() ···························· 62
size() ····························· 52
static mode ························ 62
String クラス ······················ 85
stroke() ··························· 49
switch 文 ·························· 69
text() ····························· 51
textSize() ························· 54
true ······························· 66
void ······························· 89
while 文 ··························· 74

あ

アニメーション ····················· 62
入れ子 ····························· 70
色 ································· 48
インデント ························· 14
ウィンドウ ························· 46
ウィンドウの大きさ ················· 52
大きさ（配列）····················· 81
オブジェクト指向 ··················· 99

か

カウンタ ··························· 64
掛け算 ····························· 55
数の表示 ······················ 54, 55
かつ ······························· 69
括弧 ······························· 56
関数 ·························· 47, 63, 88
キーボードからの入力 ··············· 95
記述 ······························· 48
機能の名 ··························· 47
クラス ····························· 85
繰り返し ··························· 74
グローバル変数 ················ 63, 90
計算 ······························· 54
計算の順序 ························· 56
構文 ······························· 48

コメント	52, 53
コンソール	51

さ

座標	46
三角関数	56
式	69
システム変数	61, 95
条件式	66
初期化（配列）	81
初期化（変数）	61
スコープ	63
整数	55
セミコロン	47
宣言（配列）	80
宣言（変数）	60
線分	48
添字	80

た

大小比較	67, 68
対数関数	56
代入	60
代入演算子	95
足し算	55
多重配列	82
多重ループ	79
注釈	52
長方形	47
定数	57
ディレクトリ	84
テキスト	51
テキストエディタ	45
テキストの大きさ	54
テキストファイル	84
ではない	69

な

二重ループ	79
塗りつぶし	48, 49

は

背景色	52
バイナリファイル	84
配列	80
配列の大きさ	81
配列の初期化	81
配列名	81
半透明	50
引き算	55
引数	47, 48, 88
等しい	68
ファイル	84
フォルダ	84
浮動小数点数	55
プレーンテキスト	84
分岐	66
変数	58
変数の型	59
変数の初期化	61
変数の宣言	60
変数の名前	59

ま

または	69
メソッド	47
メモリ	58
文字を出力	51

や

要素	80

ら

ローカル変数	63, 90

わ

枠	48, 49
枠を描かない	50
割り算	55

自己学習チェックシート

以下の問いに「絶対の自信をもって答えられるようになったときのみ」チェックをつけてください．

学習法，レポート・プログラミング

- ☐ 本科目を履修後，あなたは新たになにができるようになるか述べなさい
- ☐ 本科目でレポートを鉛筆で書く利点はどこにあるか
- ☐ プログラムのインデントとはなにか
- ☐ 読みやすいプログラムを書くための方法について3つ以上の原則を述べなさい

Processing/開発環境

- ☐ CやJavaではなくProcessingを最初に学ぶ利点はなにか
- ☐ Processingでプログラムを書いた場合にどのディレクトリにそれらは置かれるのか
- ☐ Processingのテキストエディタ，コンソールとはなにか説明せよ
- ☐ プログラムのインデントを開発環境上で自動的に行う方法について説明せよ

サンプルプログラム

- ☐ ボールの移動速度を決めている変数を2つ上げなさい
- ☐ マウスカーソルがウィンドウにあるときその座標を得るにはどうすれば良いか
- ☐ ボールとPadがぶつかったか否かを判断する方法について説明しなさい
- ☐ Padがボールを跳ね返した回数を表示するにはどんなプログラムを書くことが必要か

描画

- ☐ Processingの画面の原点はウィンドウ上のどこにあるか
- ☐ ウィンドウの大きさを変更するための関数名はなにか
- ☐ 関数line()とrect()の4つの引数の使い分けで気をつけるべきことはなにか
- ☐ fill()の引数が4つのときは，最後の引数はなにを意味するのか
- ☐ 画面に写真を表示するための関数はなにか
- ☐ プログラムにコメントする2つの方法について説明しなさい

計算

- ☐ 平方根を求めるときに使う関数はなにか答えなさい
- ☐ 画面にsin(23°)の値を表示するにはどのようなプログラムを書けば良いのか

変数

- [ ] どのような変数名をつけるとプログラムが読みやすくなるか説明しなさい
- [ ] 1文字からなる変数はどのようなときに使うと良いか
- [ ] 変数の宣言と同時に初期値を設定するにはどうすれば良いか
- [ ] システム変数とはなにかを説明するとともに，その例を3つあげなさい

アニメーション

- [ ] active mode のウィンドウはなにも指定しないと1秒間になん回書き換えられているか
- [ ] setup(), draw() に記述すべきことはどのようなことか説明せよ
- [ ] ローカル変数，グローバル変数とはそれぞれなにか説明せよ

条件

- [ ] 変数 x と y の値が等しくないときのみ z の値が3となるプログラムを作成せよ
- [ ] X, Y が条件を表す式のとき X かつ Y という条件はプログラムでいかに表現できるか
- [ ] switch 文の中の記述，default:, break; のそれぞれの働きを説明せよ
- [ ] if 文が入れ子構造になっているプログラムの例を示しなさい

繰り返し

- [ ] i の値が 3, 6, 9 のように 30 まで 3 ずつ増加する while 文を作成せよ
- [ ] for 文で制御変数 i の値が 2 ずつ増えるようにする方法を述べよ
- [ ] for 文で制御変数 i の値の初期値を 5 にする方法を述べよ
- [ ] 正方形を下から 5, 4, 3, 2, 1 個と階段状に描く二重ループのプログラムを作成せよ

配列

- [ ] 配列の長さをプログラム中で知る方法について述べなさい
- [ ] int 型の要素をもつ大きさ 3 の配列を作って，その値が 1 になるよう初期化せよ
- [ ] すべての要素に自分で決めた値が代入された二次元配列を作成しなさい

関数

- [ ] 関数の返り値とはなにか説明しなさい
- [ ] 関数の引数として配列(名)を渡す場合と一般の式を渡すときの違いを説明せよ

著者略歴

美馬 義亮　（みま よしあき）

1982 年　京都大学理学部 卒業
1984 年　東京大学大学院理学研究科情報科学専攻修士課程 修了
1984 年　日本アイ・ビー・エム株式会社 入社 東京基礎研究所 配属
1999 年　函館圏公立大学広域連合 職員
2000 年　公立はこだて未来大学 講師
2005 年　公立はこだて未来大学 助教授
2012 年　千葉大学工学研究科デザイン科学専攻博士後期課程 修了 博士（工学）
2013 年　公立はこだて未来大学 教授
2013 年　米国カリフォルニア州立大学 バークレー校 客員研究員

主たる研究領域

ウィンドウシステム，ユーザインタフェース，モバイルエージェント，芸術情報

主要著書

『マルチメディア白書 1998』（共著，(財) マルチメディアソフト振興協会，1998 年）．
『状況のインターフェース（シリーズ状況的認知 1)』（共著，金子書房，2001 年）．
『Hierarchies of Communication』（共著，ドイツ ZKM, 2003 年）．

Processing プログラミングで学ぶ
情報表現入門

Ⓒ 2017　Yoshiaki Mima　Printed in Japan

2017 年 3 月 31 日　初版第 1 刷発行
2022 年 3 月 31 日　初版第 4 刷発行

著　者　　美馬 義亮
発行者　　片桐 恭弘
発行所　　**公立はこだて未来大学出版会**
　　　　　〒041-8655 北海道函館市亀田中野町 116 番地 2
　　　　　電話 0138-34-6448　FAX 0138-34-6470
　　　　　https://www.fun.ac.jp/

発売所　　株式会社 **近代科学社**
　　　　　〒101-0051 東京都千代田区神田神保町 1-105
　　　　　お問合せ先：reader@kindaikagaku.co.jp
　　　　　https://www.kindaikagaku.co.jp/

万一，乱丁や落丁がございましたら，近代科学社までご連絡ください．

ISBN978-4-7649-5554-7　　　大日本法令印刷

定価はカバーに表示してあります．